职业教育
计算机
系列教材

机器学习技术

李光荣　付志鸿　高伟锋◎主　编

同济大学出版社
TONGJI UNIVERSITY PRESS
·上海·
Neusoft® 东软电子出版社
Beyond Technology™

内容提要

本书通过理论讲解与应用实例相结合的项目式任务式编排，展示了机器学习的基础方法和模型，注重实践过程，为读者后续学习打下基础。本书基于Python语言总结了回归、分类、聚类三种分析方法，主要内容包括线性回归、逻辑斯特回归、朴素贝叶斯分类、决策树分类、随机森林、支持向量机、KNN分类和K均值聚类共八个任务，并附有相关程序代码及参考答案。

本书可作为职业院校计算机类、大数据类与人工智能类专业及相关专业的课程用书，也可作为数据处理技术初学者的参考用书。

图书在版编目(CIP)数据

机器学习技术/ 李光荣，付志鸿，高伟锋主编. --上海：同济大学出版社，2023.6

ISBN 978-7-5765-0592-4

Ⅰ.①机… Ⅱ.①李…②付…③高… Ⅲ.①机器学习-高等职业教育-教材 Ⅳ. ①TP181

中国版本图书馆CIP数据核字(2022)第258580号

机器学习技术

李光荣　付志鸿　高伟锋　**主　编**

责任编辑　张　莉
助理编辑　屈斯诗
责任校对　徐春莲
封面设计　渲彩轩
出版发行　同济大学出版社　　www.tongjipress.com.cn
（地址：上海市四平路1239号　邮编：200092　电话：021-65985622）
经　　销　全国各地新华书店
排　　版　南京月叶图文制作有限公司
印　　刷　常熟市大宏印刷有限公司
开　　本　787mm×1092mm　1/16
印　　张　7
字　　数　175 000
版　　次　2023年6月第1版
印　　次　2023年6月第1次印刷
书　　号　ISBN 978-7-5765-0592-4

定　　价　32.00元

前言

近年来，科学研究与社会生活各个领域中的数据正在以前所未有的速度产生并被广泛收集与存储，如何实现数据的智能化处理从而充分利用数据中蕴含的知识与价值，已成为当前学术界与产业界的共识。机器学习作为一种主流的智能数据处理技术，是实现上述目标的核心途径之一。

配套电子资源（含习题参考答案及代码数据）

机器学习是计算科学与人工智能的重要分支领域。近年来，随着数据的不断丰富和计算能力的提升，机器学习的发展日新月异，已经成为一种解决诸多问题的有效工具，广泛应用于多学科交叉领域。如零售商分析过去的销售数据，了解顾客行为，以便改善顾客关系管理；金融机构分析过去的交易，以便预测顾客的信用风险。机器学习最基本的做法是使用算法来解析数据、从中学习，然后对真实世界中的事件做出决策和预测，机器学习往往需要使用大量的数据来进行“训练”，通过各种算法从数据中学习完成任务。

随着硬件基础以及算法能力的显著提高，机器学习技术得到了学术界和工业界的广泛关注，其中的许多算法已经大量应用于我们的日常生活中。机器学习作为一门多领域的交叉学科，涉及概率论、统计学、逼近论、凸分析、算法复杂度理论等多门学科。许多机器学习的爱好者和初学者，会被复杂的公式和晦涩难懂的术语吓到。此外，面对大量的机器学习算法，在解决实际问题时，即使是经验丰富的数据科学家和机器学习算法开发者也都不能一步到位，因此机器学习的初学者更加需要一些指导，在算法的选择上需要一些参考意见。因此，编者认为需要一本面向在校生和初级从业人员的专业书籍，便于读者更好地理解和应用各种算法。

本书结合编者多年的教学和实践经验，通篇图文并茂，从理论到实践，展示机器学习算法的魅力，浅显易懂又不缺乏专业的指导。本书一共有八个任务，具体内容如下：

任务一：线性回归，主要介绍一元及多元线性回归的基本概念，线性回归分析的实施过程。

任务二：逻辑斯特回归，主要介绍逻辑斯特回归的基本概念、基本特征，与线性回归之间的区别与联系。

任务三：朴素贝叶斯分类，主要介绍贝叶斯定理，朴素贝叶斯的朴素是什么，如何应用朴素贝叶斯分类器进行分类预测。

任务四：决策树分类，主要介绍决策树分类的基本概念、分类方法，如何应用决策树分类模型进行预测。

任务五：随机森林，主要介绍集成学习的基本概念，集成学习中随机森林相比于决策树分类的优势在哪里，如何应用随机森林模型进行预测。

任务六：支持向量机，主要介绍支持向量机的基本概念，SVM 的原理以及建模方法。

任务七：KNN 分类，主要介绍 KNN 分类的思想，与其他分类方法的异同点，并应用 KNN 模型进行预测。

任务八：K 均值聚类，主要介绍聚类分析的适用场景，K 均值聚类分析的基本思想和工作原理，并应用 K 均值聚类完成相应分析。

本书内容均为机器学习的基础方法和模型，适用于机器学习的初学者，目的是让爱好机器学习的计算机专业、数据科学与大数据技术专业、人工智能专业以及相关专业的学生熟悉机器学习的过程，掌握机器学习过程中常用的算法模型及数据处理方式。本书知识点的介绍通过基础理论及概念讲解、应用案例、习题等进行，其主要特点有：

（1）通过对机器学习知识点的理论讲解，学生能够抓住概念的本质和思想的源头；

（2）通过应用案例，学生能够加深对算法过程的深刻理解；

（3）通过习题，学生能够巩固相应知识点的学习。

本书注重机器学习的基础实践，为学生后续学习打下基础。由于编者水平有限，书中难免存在不妥之处，恳请读者批评指正，多提宝贵意见。

编者

2023 年 3 月

目录

项目导学

项目概述

机器学习已应用于许多领域,远超出大多数人的想象,下面提到的每一个场景都会碰到机器学习:假设你想送朋友一份礼物,你打开浏览器搜索生日礼物,搜索引擎显示了10个最相关的链接,你选择了第二个链接,搜索引擎将记录这次点击,并从中学习以优化下次搜索结果。当你自驾去超市,路上导航会根据目前的交通状况为你推荐最佳路线,到了超市你给朋友的孩子挑选尿布,结账时,收款台软件基于以前的统计知识,会送你一张优惠券,可以用于购买罐装啤酒。

上面提到的所有场景,都有机器学习应用的存在。现在很多公司使用机器学习技术改善商业决策、提高生产率、检测疾病、预测天气等。那么机器学习技术到底有哪些具体的技术?这些技术具体是如何应用的呢?

项目目标

(1) 了解机器学习的定义、机器学习的工作流程和社会价值;

(2) 了解机器学习的主要任务,以及每类任务的特点,适合处理什么样的问题;

(3) 熟悉机器学习技术应用的常用开发框架和工具,了解其特点和适用范围;

(4) 了解机器学习的核心技术和经典算法,能应用机器学习技术解决实际问题;

(5) 能辨析机器学习在社会应用中面临的道德和法律问题。

项目分析

该教学模块由8个教学任务与8个主要内容组成，通过引入机器学习在行业中的应用，了解机器学习技术给我们生活带来的改变。增加机器学习的知识，体会机器学习的应用价值，了解机器学习算法的基本原理及技术处理流程，让人们在享受机器学习带来便捷的同时，也要让人们对机器学习的滥用产生自我保护意识。

任务一 线性回归

建议学时:4～6 学时。

任务描述

通过本任务的学习,理解线性回归的基本概念、基本特征;掌握线性回归的建模方法,线性回归参数的求解原理;能够对线性回归的参数给出合理的分析与解释。

任务目的

(一) 认识线性回归的模型;
(二) 了解线性回归模型的应用场景,以及线性回归参数的意义;
(三) 掌握线性回归建模过程。

任务要求

(一) 以小组的形式完成任务;
(二) 完成一元线性回归的建模代码实现;
(三) 完成一元线性回归实践报告。

基础知识

1. 线性回归的来源

“回归”一词的英文是 Regression，本义里有“衰退”的意思(也称作“回归”)。实际上，“回归”一词来源于生物统计学家高尔顿研究父母身高和子女身高时，发现即使父母的身高都“极端”高，其子女不见得会比父母高，而是有“衰退”至平均身高的倾向。高尔顿当时拟合了父母平均身高 x 和子女平均身高 y 的经验方程：

$$y = 3.78+0.516\,x$$

可以看到，父代身高每增加 1 个单位，其成年子女的平均身高只增加 0.516 个单位，它反映了这种“衰退”效应(“回归”到正常人的平均身高)。虽然之后的 x 与 y 变量之间并不总是具有“衰退”(回归)关系，但是为了纪念高尔顿这位伟大的统计学家，“线性回归”这一名称就保留了下来。

回归分析中，只包括一个自变量和一个因变量，且二者的关系可用一条直线近似表示，这种回归分析称为**一元线性回归分析**。如果回归分析中包括两个或两个以上的自变量，且因变量和自变量之间是线性关系，则称为多元线性回归分析。

2. 一元线性回归

一元线性回归的主要任务是从两个相关变量中的一个变量去估计另一个变量，被估计的变量，称因变量，可设为 y；另一个称自变量，设为 x。如上面身高的例子所示，在模型中有一个自变量 x，自变量 x 与因变量 y 之间存在着线性关系，其模型可以统一写为：

$$y = b + wx + \varepsilon$$

式中，b 称为截距，w 称为斜率，ε 为随机误差。在线性回归中，通常假设随机误差是不相关的，且均值为 0，方差 σ^2 未知。

当 b 和 w 已知时，画在坐标图内是一条直线(这就是“线性”的含义)，如图 1-1 所示。线性回归就是要找一条直线，并且让这条直线尽可能地拟合图中的数据点。

3. 一元线性回归分析过程

以“食品利润”数据集为例，使用 sklearn 估计器构建一元线性回归模型，其过程如下。

(1) 确定自变量为城市人口(Population)，数据集中的第一列数据，因变量为利润(Profit)，数据集中的第二列数据，负数表明亏损。数据集有 97 个观测值。

(2) 将数据集划分为训练集和测试集，其中训练集用于构建回归模型，得到回归系数，测试集用于对构建的回归模型进行评估。一般情况下训练集和测试集的比例为 8∶2 或 7∶3。

sklearn 的 model_selection 模块提供了 train_test_split 函数，能够实现对数据集的

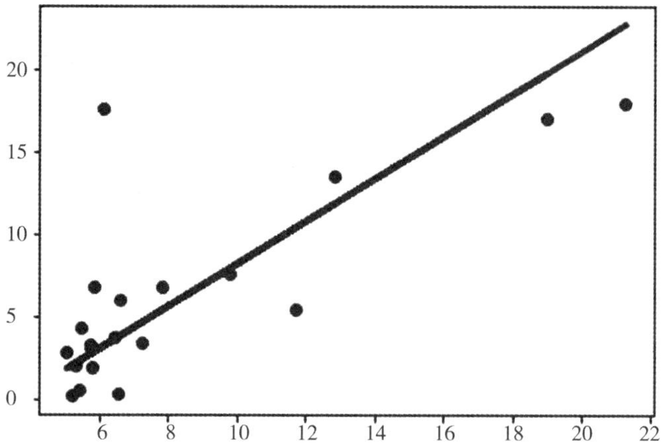

图 1-1　一元线性回归示意图

拆分。

(3) 在训练集上进行线性回归训练，得到线性回归的系数。

sklearn 的 linear_model 模块提供了 LinearRegression 函数，能够实现线性回归建模，可以使用 fit、predict、score 来训练、评价训练模型。

```
Model =sklearn.linear_model.LinearRegression()      # 建立模型
Model.fit(x,y)  # 训练模型
Model.score(x,y) # 评估模型
```

(4) 在测试集上评估回归模型。

常用的回归模型评价指标有平均绝对误差、均方误差、中值绝对误差、可解释方差值和 R^2 值。如下所示为 R^2 值。

```
y_test_pre = Model.predict(x)   # 模型预测
r2_score(y_test, y_test_pred_lr) # 模型评价
```

4. 多元线性回归

在回归分析中，如果有两个或两个以上的自变量，就称为多元回归。事实上，一种现象常常是与多个因素相联系的，由多个自变量的最优组合共同来预测或估计因变量，比只用一个自变量进行预测或估计更有效，更符合实际。因此多元线性回归比一元线性回归的实用意义更大。

一般地，将一元线性回归推广到多元线性回归模型，有：

$$y=b+w_1x_1+\cdots+w_nx_n$$

其中,b 称为截距,$w_j(j=1,2,\cdots,n)$ 称为回归系数。$x_i(i=1,2,\cdots,n)$ 是 x 在第 i 个属性上的取值。参数 w_j 表示当自变量 $x_i(i\neq j)$ 保持不变时,x_i 每变化一个单位,因变量 y 均值的期望值。

当用向量形式表示时,有:

$$\boldsymbol{x}=(x_1,x_2,\cdots,x_n)^{\mathrm{T}}$$

$$\boldsymbol{w}=(w_1,w_2,\cdots,w_n)^{\mathrm{T}}$$

则可写成

$$y=b+\boldsymbol{w}^{\mathrm{T}}\boldsymbol{x}$$

下面我们来看看线性回归分析的具体实施。

任务实施

(一)一元线性回归分析实施

首先,创建 Python 文件,从 Windows 开始菜单打开 Anaconda 的 Jupyter Notebook (anaconda3)。如图 1-2 所示。

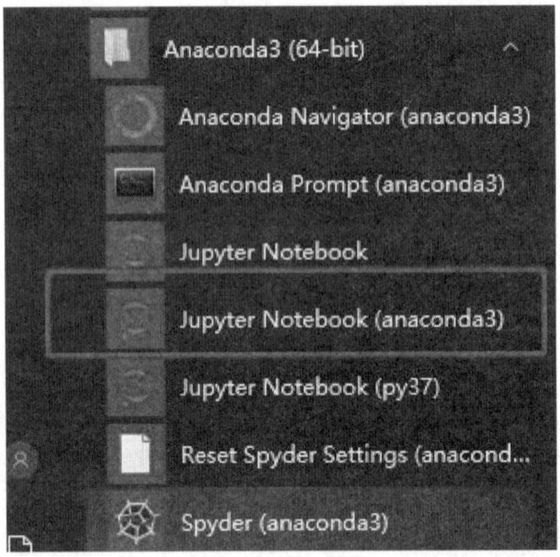

图 1-2 Jupyter Notebook (anaconda3)

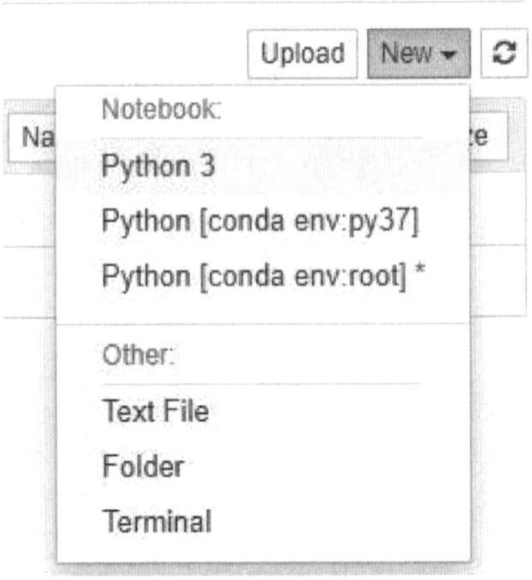

图 1-3 创建 ipynb 文件

点选右上角“New”,选择“Python3”,创建 Python 文件,如图 1-3 所示;再通过点选“Untitled”重命名为“1.一元线性回归.ipynb”,如图 1-4 所示。

一元线性回归分析实施具体步骤如下。

(1) 打开文件,查看数据

利用 pandas 的 read_csv 方法读取指定位置的数据集“ex1data1.txt”文件,并将该文件

图 1-4　重命名

中的数据保存到 data，使用 type()方法可查看 data 为 DataFrame 类型，使用 head()方法可查看数据集的前 5 行，如图 1-5 所示。

```
import pandas as pd

path = 'data\ex1data1.txt'
# names添加列名，header用指定的行来作为标题，若原无标题且指定标题则设为None
data = pd.read_csv(path, header=None, names=['Population', 'Profit'])
data.head()
```

	Population	Profit
0	6.1101	17.5920
1	5.5277	9.1302
2	8.5186	13.6620
3	7.0032	11.8540
4	5.8598	6.8233

图 1-5　使用 pandas 读取 txt 文件

利用 Python 的 matplotlib 进行数据可视化，这里采用散点图观察数据的分布情况，得到的结果如图 1-6 所示，从中可以观察出人口（Population）与利润（Profit）呈现一定的线性关系。

matplotlib 是 Python 的主要绘图工具，plot 方法中 kind='scatter' 表示作散点图，x 轴表示人口，y 轴表示利润。

从数据集中提取自变量 X 和因变量 y，如图 1-7 所示。

(2) 数据集拆分

通过导入 train_test_split，实现数据拆分，如图 1-8 所示。train_test_split 位于 sklearn 的 model_selection 中，形式为：

```
X_train, X_test, y_train, y_test = train_test_split(data, target, train_size=0.8, random_state=0)
```

```
import matplotlib.pyplot as plt
data.plot(kind='scatter', x='Population', y='Profit', figsize=(8,5))
plt.show()
```

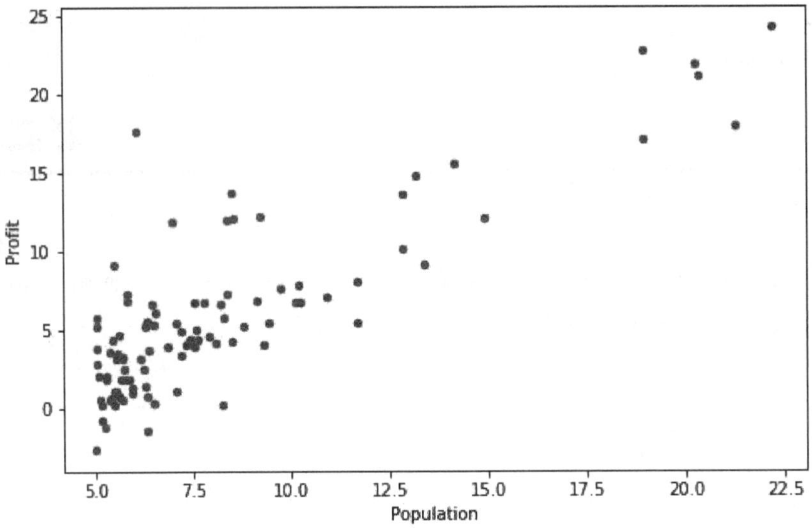

图 1-6　散点图

```
X = data.iloc[:,0:1]     # 第0列，即自变量
y = data.iloc[:,1:] # 取最后一列，即因向量
```

图 1-7　自变量与因变量提取

```
from sklearn.model_selection import train_test_split
X_train, X_test, y_train, y_test = train_test_split(X, y, test_size=0.2,
                                                    random_state=42)
```

图 1-8　数据拆分

【参数说明】

① data：待划分样本数据；

② target：待划分样本数据的结果（标签）；

③ train_size：训练数据占样本数据的比例，若是整数，则为样本数量；

④ random_state：设置随机数种子，保证每次都是同一个随机数。若为 0 或不填，则每次得到的数据都不一样。

得到的 X_train，y_train 为训练集的自变量和因变量数据，X_test，y_test 为测试数据集，这里给出的拆分比例为 8∶2。

(3) 线性回归建模

建立模型，得到回归系数，如图 1-9，导入 linear_model 模块后，对 LinearRegression 实

例化，得到线性回归实例化模型 LR，通过其 fit 方法实现训练集上的建模训练。

```
from sklearn import linear_model
LR = linear_model.LinearRegression()
# 基于训练数据，对线性回归模型进行训练
LR.fit(X_train, y_train)
```

```
LinearRegression(copy_X=True, fit_intercept=True, n_jobs=None, normalize=False)
```

图 1-9　LinearRegression 线性回归建模

线性回归方法 LinearRegression 调用后返回一个线性回归模型，损失函数为误差均方函数。sklearn 中的 LinearRegression 的函数原型为：

```
class sklearn.linear_model.LinearRegression(fit_intercept=True,
                                            normalize=False,
                                            copy_X=True,
                                            n_jobs=1)
```

【参数说明】

① fit_intercept：模型是否存在截距。

② normalize：模型是否对数据进行标准化（在回归之前，对 X 减去平均值再除以二范数），当 fit_intercept 被设置为 False 时，该参数将被忽略。

③ copy_X：默认 True，否则 X 会被改写。

④ n_jobs：默认为 1，表示使用 CPU 的个数。当为－1 时，代表使用全部 CPU。

LinearRegression 有 fit() 方法，用于在训练集上训练模型，有属性 intercept_可供查看截距，有属性 coef_可供查看模型训练后得到的估计系数，如果获取的估计系数太大，说明模型有可能过拟合。

如图 1-10 所示，该回归系数 1.288 表明在给定人口数据下，如果城市人口每增加 1 个单位，对应的利润将增加 1.288 个单位。

```
print('intercept_:%.3f' % LR.intercept_)   # 截距项
print('coef_:%.3f' % LR.coef_)             # 回归系数(斜率)
```

```
intercept_:-4.732
coef_:1.288
```

图 1-10　回归系数

（4）评估回归模型

利用第 2 步拆分得到的测试数据集，在测试数据集上得到该模型的测试结果 y_test_pre，并将该测试结果与真实结果 y_test 进行比较，通过 LinearRegression 的 score 方法，得

到在测试集上的精确度(取值范围 0～1),1 表示无误差,0 表示无法完成拟合。图 1-11 为测试数据的部分展示。

```
X_test.head()
```

	Population
62	21.2790
40	5.4069
93	5.3054
18	6.4296
81	5.1884

```
y_test.head()
```

	Profit
62	17.92900
40	0.55657
93	1.98690
18	3.65180
81	0.20421

图 1-11 测试数据集的前 5 个样本

LinearRegression 的 predict 方法以测试数据集的 X_test 作为输入,得到预测结果,记为 y_test_pre,其中图 1-12 的框中所示数据为图 1-11 前 5 个测试数据的预测输出。

```
y_test_pre = LR.predict(X_test)
print(y_test_pre)
```

```
[[22.66492686]
 [ 2.22914165]
 [ 2.09845748]
 [ 3.54589731]
 [ 1.94781662]
 [ 7.84508459]
 [19.67786014]
 [10.34198911]
 [ 2.62029289]
 [ 3.13453187]
 [ 3.75164441]
 [ 3.69821196]
 [ 2.73707175]
 [11.78402132]
 [ 5.34212868]
 [ 2.81226342]
 [ 2.33626404]
 [ 2.65029231]
 [ 1.78172541]
 [ 4.57115646]]
```

图 1-12 测试数据集上的预测结果

使用 sklearn 的 metrics 模块提供的方法，可以得到在测试集上的评估结果，如图 1-13 所示。

```
from sklearn.metrics import mean_squared_error, r2_score
print('Mean squared error: %.3f' % mean_squared_error(y_test, LR.predict(X_test)))
print('score: %.3f' % r2_score(y_test, LR.predict(X_test)))
```

```
Mean squared error: 15.709
score: 0.500
```

图 1-13　模型在测试集上的评估结果

mean_squared_error 方法是计算均方误差(MSE)，MSE 值越小越好；r2_score 方法是计算 R^2 决定系数(拟合优度)，取值范围 0～1，越趋向于 1 表示模型越好，本任务中得到的值 0.5 偏小，预测效果一般。

(5) 对比预测结果与实际结果

如图 1-14 所示，从下面的对比来看，得到的该模型对数据的预测存在一定的偏差，要解决这个问题，可以增加训练数据量。

```
# 预测集与源数据集的对比如下:
plt.figure()
#绘制测试结果曲线，蓝色
plt.plot(range(len(y_test_pre)),y_test_pre,'b',label="predict")
#绘制测试集的真实值曲线，红色
plt.plot(range(len(y_test)),y_test.values,'--',color = 'red', label="test")
plt.legend(loc="upper right")       #在右上角显示图中的标签
plt.xlabel("the number of sales")  #横轴标签
plt.ylabel('value of sales')        #纵轴标签
#plt.savefig("pre_raw.jpg")   #保存图片
plt.show()
```

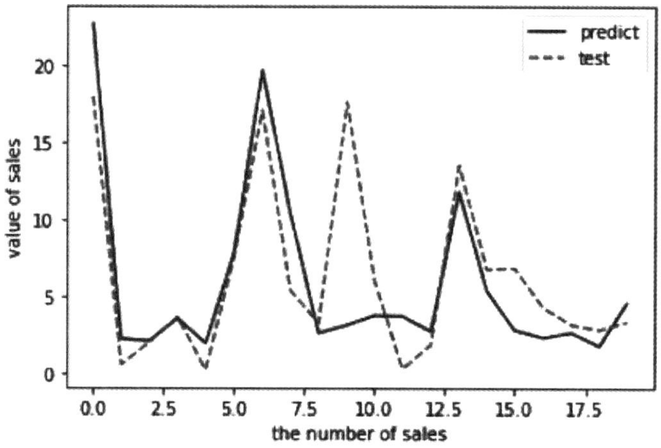

图 1-14　预测值与真实值的对比

（二）撰写线性回归分析报告

以 3 人为小组单位的方式完成循环发电场的数据线性回归分析，撰写报告。报告应该包含线性回归分析应用场景调研、数据的信息描述、实现的代码和结果的分析等内容。

循环发电场的数据共有 9 568 个样本，每个样本有 5 列，分别是：AT(温度)，V(压力)，AP(湿度)，RH(压强)，PE(输出电力)。

下载地址：

http://archive.ics.uci.edu/ml/machine-learning-databases/00294/

（三）分享案例

在完成应用报告后，小组合作完成演讲 PPT，以小组汇报的形式讲解本小组的解决方案。

任务评价

（一）自我评价

级别 任务	掌握知识或技能	仍需加强的	完全不理解的
线性回归技术体验			
开展线性回归应用调研，实现线性回归分析，撰写应用报告			
分享应用案例			
在本次的任务实施过程中，你的自评结果是	A. 优秀□　B. 良好□　C. 仍需努力□　D. 搞不清楚□		

（二）标准评价

一、选择题（每题 5 分，共 25 分）

1. 在 sklearn 的 LinearRegression 方法中，表示回归系数的是？（　　）

A. fit_intercept　　B. coef_　　C. intercept_　　D. copy_X

2. 构建一个最简单的线性回归模型需要几个系数（只有一个特征）？（　　）

A. 1 个　　B. 2 个　　C. 3 个　　D. 4 个

3. 为了观察测试 Y 与 X 之间的线性关系，X 是连续变量，使用下列哪种图形比较适合？（　　）

A. 散点图　　B. 柱形图

C. 直方图　　D. 以上都不对

4. 如果两个变量相关，那么它们一定是线性关系吗？（　　）

A. 是　　B. 不是

5. 下列两个变量之间的关系中，哪个是回归关系？（　　）

A. 学生的性别与他的数学成绩　　B. 人的工作环境与健康状况

C. 女儿的身高与父亲的身高　　D. 正三角形的边长与面积

二、填空题（每题 5 分，共 15 分）

1. sklearn 中 LinearRegression 位于__________包中。

2. sklearn 中的 train_test_split 是用于将数据集拆分为__________和__________。

三、简答题（60 分）

请简述什么是线性回归，它有哪些行业应用。

任务拓展

任务描述：

完成多元线性回归案例的分析。

任务要求：

以 3 人为小组单位的方式开展任务的调研，撰写报告。报告应该包含线性回归案例的背景、采用的回归分析技术、实现的方法等内容，报告作为作业提交。

本案例使用如下数据集，数据集见表 1-1，描述了一个产品的销量与广告媒体投入之间的关系。厂家需要通过不同的广告投入，预测产品销量。由表 1-1 可知响应变量 sales 是一个连续的值，所以这是一个回归问题。数据集一共有 200 个观测值，每一组观测值对应一个市场的情况。

表 1-1　　产品的销量与广告媒体的投入数据样例

TV	radio	newspaper	sales
230.1	37.8	69.2	22.1
44.5	39.3	45.1	10.4
17.2	45.9	69.3	9.3
151.5	41.3	58.5	18.5
……	……	……	……
……	……	……	……
57.5	32.8	23.5	11.8
120.2	19.6	11.6	13.2
8.6	2.1	1	4.8
199.8	2.6	21.2	10.6
……	……	……	……

(1) 打开文件,查看数据

利用 pandas 的 read_csv 方法读取指定位置的数据集“Advertising.csv”文件,并将该文件中的数据保存到 adv_data,使用 type()方法可查看 adv_data 为 DataFrame 类型,使用 head()方法可查看数据集的前 5 行,如图 1-15 所示。

```
import pandas as pd
#通过read_csv来读取我们的目的数据集
adv_data = pd.read_csv("data/Advertising.csv")
print(type(adv_data)) #查看adv_data的类型
adv_data.head()          #显示adv_data的前5行数据
```

```
<class 'pandas.core.frame.DataFrame'>
```

	Unnamed: 0	TV	radio	newspaper	sales
0	1	230.1	37.8	69.2	22.1
1	2	44.5	39.3	45.1	10.4
2	3	17.2	45.9	69.3	9.3
3	4	151.5	41.3	58.5	18.5
4	5	180.8	10.8	58.4	12.9

图 1-15　使用 pandas 读取 csv 文件

(2) 计算相关系数矩阵

数据各个属性之间的相关系数矩阵反映了各个属性之间的相关关系,一般来说,相关系数 0～0.3 为弱相关,0.3～0.6 为中等程度相关,0.6～1 为强相关,如图 1-16 所示。

由图 1-16 可以看出,TV 和 sales 之间表现为强相关,radio 和 sales 之间表现为中等程度相关,newspaper 和 sales 之间表现为弱相关。这种相关性还可以借助可视化图表现出来,如图 1-17 所示。

```
#相关系数矩阵 r(相关系数) = x和y的协方差/(x的标准差*y的标准差)
#                        = cov (x,y) /σx*σy

print(new_adv_data.corr())
```

	TV	radio	newspaper	sales
TV	1.000000	0.054809	0.056648	0.782224
radio	0.054809	1.000000	0.354104	0.576223
newspaper	0.056648	0.354104	1.000000	0.228299
sales	0.782224	0.576223	0.228299	1.000000

图 1-16　相关系数矩阵

```
import seaborn as sns
# 通过加入一个参数kind='reg', seaborn可以添加一条最佳拟合直线和95%的置
sns.pairplot(new_adv_data,
             x_vars=['TV','radio','newspaper'],
             y_vars='sales',
             height=5, aspect=0.8,kind = 'reg')
#plt.savefig("pairplot.jpg")
plt.show()
```

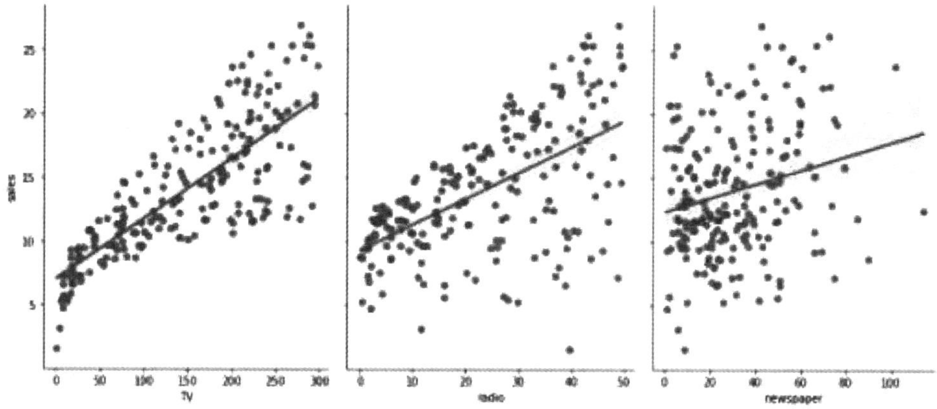

图 1-17　相关性可视化

seaborn 是基于 matplotlib 的图形可视化 Python 包，它提供了一种高度交互式界面，便于用户能够作出各种有吸引力的统计图表。seaborn 的 pairplot 方法主要展现的是变量两两之间的关系（线性或非线性，即有无较为明显的相关关系），方法原型如下：

```
seaborn.pairplot(data, hue=None, hue_order=None, palette=None, vars=None, x_vars=None,
  y_vars=None, kind='scatter', diag_kind='hist', markers=None, size=2.5,
    dropna=True, plot_kws=None, diag_kws=None, grid_kws=None)
```

【参数说明】

① data:必不可少的数据;

② hue: 用一个特征来显示图像上的颜色,类似于打标签;

③ marker: 每个 label 显示图像变动,有的是三角,有的是圆点;

④ vars:只留几个特征两两比较。

官方函数链接:

http://seaborn.pydata.org/generated/seaborn.pairplot.html#seaborn.pairplot

(3) 多元线性回归建模

通过导入 train_test_split,实现数据拆分,如图 1-18 所示。

```
from sklearn.model_selection import train_test_split
# 拆分数据
X_train, X_test, Y_train, Y_test = train_test_split(new_adv_data.iloc[:, :2],
                                                    new_adv_data.sales, train_size=.8)
# X_train为训练数据,X_test为测试数据,
# Y_train为训练数据标签, Y_test为测试数据标签
# train_size 训练数据占比

print("原始数据特征:", new_adv_data.iloc[:, :3].shape,
      ",训练数据特征:",X_train.shape,
      ",测试数据特征:",X_test.shape)

print("原始数据标签:", new_adv_data.sales.shape,
      ",训练数据标签:", Y_train.shape,
      ",测试数据标签:", Y_test.shape)
```

```
原始数据特征: (200, 3) ,训练数据特征: (160, 2) ,测试数据特征: (40, 2)
原始数据标签: (200,) ,训练数据标签: (160,) ,测试数据标签: (40,)
```

图 1-18　数据拆分

由图 1-17 可知 newspaper 与 sales 呈现弱相关,故只选择了 TV 和 radio 参与建模。建立模型,得到回归系数,如图 1-19 所示。

```
from sklearn.linear_model import LinearRegression
# 建立模型
model = LinearRegression()
model.fit(X_train, Y_train)  #训练模型

a = model.intercept_  # 截距
b = model.coef_       # 回归系数

print("最佳拟合线:截距", a, ",回归系数: ", b)
```

```
最佳拟合线:截距 3.0655017212565046 ,回归系数:  [0.04529043 0.18601634]
```

图 1-19　LinearRegression 线性回归建模

由此,得到的多元线性回归方程为:$f(x)=3.06+0.045\,3x_1+0.186x_2$

（4）多元线性回归预测

使用 LinearRegression 的 score 方法，可以得到在测试集上的精确度（取值范围 0～1），1 表示无误差，0 表示无法完成拟合，如图 1-20 所示。

```
score = model.score(X_test, Y_test)
print(score)
```

```
0.8792938730536143
```

图 1-20　模型在测试集上的评估结果

使用 predict 方法得到模型在测试集上的测试结果，如图 1-21 和图 1-22 所示。

```
X_test.head()
```

	TV	radio
54	262.7	28.8
5	8.7	48.9
62	239.3	15.5
107	90.4	0.3
68	237.4	27.5

```
Y_test.head()
```

```
54     20.2
5       7.2
62     15.7
107     8.7
68     18.9
Name: sales, dtype: float64
```

```
print('5个样本的预测结果：',model.predict(X_test[0:5]))
```

```
5个样本的预测结果： [20.44082397 12.57492394 16.80820323  7.01838539
 19.02358418]
```

图 1-21　5 个测试样例及其预测结果显示

通过图 1-23 可以直观地看出预测结果与真实值之间的差距，这个差距值合计反映在图 1-20的计算结果中，1－score ＝ 1－0.879＝0.121，从这个值上看，本案例的预测结果良好。

```
# 对线性回归进行预测
Y_pred = model.predict(X_test)
print(Y_pred)
```

```
[ 8.89504283 20.78823109 19.22778399 19.37480351 21.65035394 18.36415257
 11.95982395 14.31856315 10.10818101 14.44109418 11.49232681 24.08973197
 17.30648143 14.24499664 16.38497817 11.63661083 10.25200277  9.75151743
 12.81185981 14.96511448  9.06815218 23.24197829 18.10958423 16.3490714
 23.30103314 12.55572738 23.1949349  14.76613317 18.20860102 12.22486038
  8.2433403  12.45295199 18.60419185 10.65480262 15.17715108  5.4838566
 20.40453574 15.07691897 15.623413   17.31588829]
```

图 1-22　模型在测试集上的测试结果

```
# 预测集与源数据集的对比如下:
plt.figure()
#绘制测试结果曲线，蓝色
plt.plot(range(len(Y_pred)),Y_pred,'b',label="predict")
#绘制测试集的真实值曲线，红色
plt.plot(range(len(Y_pred)),Y_test,'--',color = 'r',label="test")
plt.legend(loc="upper right")          #在右上角显示图中的标签
plt.xlabel("the number of sales") #横轴标签
plt.ylabel('value of sales')           #纵轴标签
#plt.savefig("pre_raw.jpg")  #保存图片
plt.show()
```

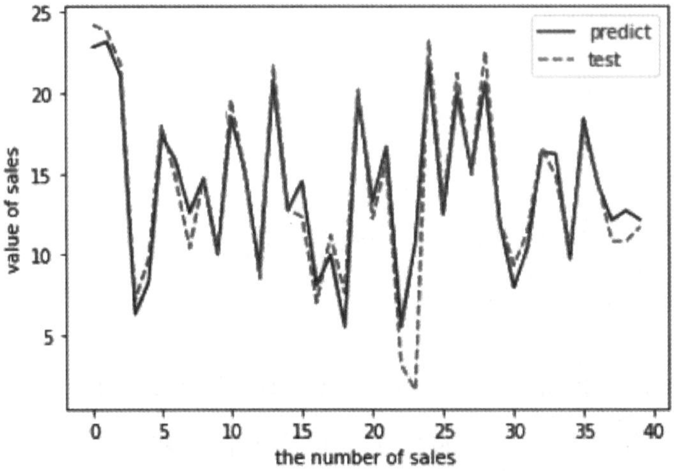

图 1-23　预测值与真实值的对比

任务二
逻辑斯特回归

建议学时:4～6 学时。

任务描述

通过本任务的学习,理解逻辑斯特回归的基本概念、基本特征,与线性回归之间的区别与联系;掌握逻辑斯特回归的建模方法;能够应用逻辑斯特回归模型进行预测。

任务目的

(一)认识逻辑斯特回归的模型;

(二)了解逻辑斯特回归模型的应用场景;

(三)掌握逻辑斯特回归建模过程。

任务要求

(一)以小组的形式完成任务;

(二)完成逻辑斯特回归的建模代码实现;

(三)完成逻辑斯特回归实践报告。

基础知识

分类模型的构建过程与回归模型类似,原理相差不大。分类和回归的主要区别在于,分类的标签是离散的,但是回归的标签是连续的。分类分析在行为分析、物品识别、图像检测等方面具有广泛的应用。

1. 逻辑斯特回归的基本概念

线性回归是根据样本 X 各个维度的 X_i 的线性叠加(线性叠加的权重系数 ω_i 就是模型的参数)来得到预测值 Y,然后最小化所有的样本预测值 Y 与真实值 y' 的误差来求得模型参数。我们看到这里的模型的值 Y 是样本 X 各个维度的 X_i 的线性叠加,是线性的。

逻辑斯特回归(Logistic Regression)虽然带有“回归”二字且与多元线性回归之间有很多相同之处,但最大的不同是它们的因变量不同,逻辑斯特回归并不属于回归任务,而是分类任务,分析目标是离散值。

逻辑斯特回归与线性回归的联系与区别主要有以下 3 点。

(1) 逻辑斯特回归在线性回归的实数输出范围加上 Sigmoid 函数,将输出值收敛于 0~1。其损失函数也因此从误差平方和函数变为对数损失函数。

(2) 线性回归是使用最小二乘法优化目标函数,而逻辑斯特回归是使用梯度下降法或者牛顿法。

(3) 逻辑斯特回归是以线性回归为理论支持的,但线性回归模型无法做到 Sigmoid 的非线性形式。Sigmoid 可以轻松处理 0/1 分类问题。

2. 逻辑斯特回归二分类模型

逻辑斯特回归是由统计学家大卫·考克斯(David Cox)于 1958 年提出的,是在线性回归模型的基础上,使用 Sigmoid 函数,如图 2-1 所示,将线性模型 $z=\boldsymbol{w}^{\mathrm{T}}x+b$ 的结果压缩到[0,1]之间,使其拥有概率意义,当该值大于 0.5 时归类为 1,否则归类为 0,这样就完成了二

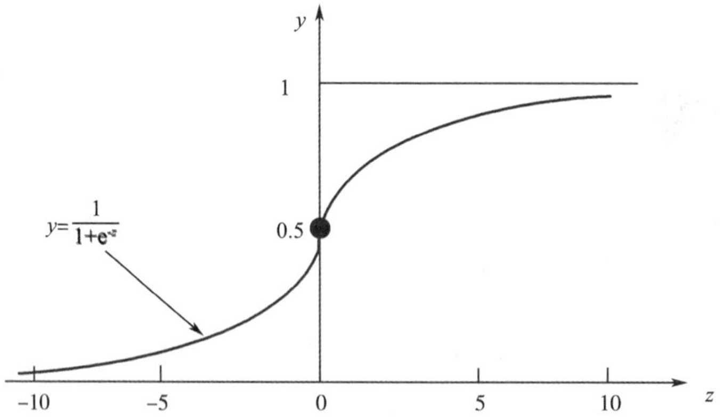

图 2-1 Sigmoid 函数

分类的任务。其本质仍然是一个线性模型，实现相对简单。

逻辑斯特回归的因变量可以是二分类的，也可以是多分类的。对于二分类问题，对数概率函数，如果将 y 视为样本 x 作为正例的可能性，见公式(2-1)，则 $1-y$ 是其反例的可能性，见公式(2-2)。

$$P(y=1 \mid x)=\frac{e^{\boldsymbol{w}^{\mathrm{T}}x+b}}{1+e^{\boldsymbol{w}^{\mathrm{T}}x+b}} \tag{2-1}$$

$$P(y=0 \mid x)=\frac{1}{1+e^{\boldsymbol{w}^{\mathrm{T}}x+b}} \tag{2-2}$$

$$\frac{y}{1-y}=e^{\boldsymbol{w}^{\mathrm{T}}x+b} \tag{2-3}$$

$$\ln\frac{y}{1-y}=\boldsymbol{w}^{\mathrm{T}}x+b \tag{2-4}$$

那么，二者的比值公式(2-3)中，$y/(1-y)$称为概率(odds)，反映了 x 作为正例的相对可能性。两边再取对数，见公式(2-4)，由此可见，该模型是用线性模型的预测结果逼近真实标记的对数概率，其对应的模型称为对数概率回归，也就是**逻辑斯特回归**。

任务实施

（一）逻辑斯特回归分析实施

在 jupyter 中创建 Python3 文件，命名为“2.逻辑斯特回归.ipynb”，如图 2-2 所示。

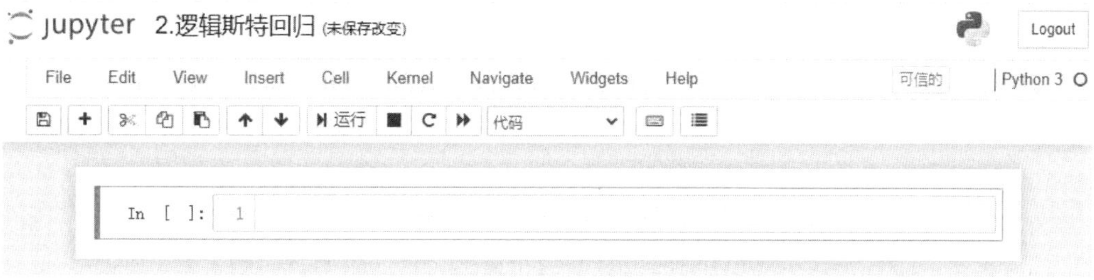

图 2-2　创建文件

1. 一个简单案例

该案例中我们模拟 $y=-x+1.5$ 生成 200 个数据点，如图 2-3 所示。

由图 2-4 绘制的散点图可知，在此构建的数据集是一个二分类的样本。

下面使用 sklearn 中的逻辑斯特回归方法对该数据进行训练，首先需要对数据进行标准化处理，然后导入逻辑斯特回归模型进行训练，训练的正确率为 91%，说明训练效果很好，如图 2-5 所示。

```
import numpy as np

np.random.seed(666)
X=np.random.normal(0,1,size=(200,2))                # 横轴
y = np.array(X[:,0] + X[:,1] < 1.5,dtype=int)   # y=-x+1.5

'''随机选20个强制为类别1,当作噪音'''
for _ in range(20):
    y[np.random.randint(200)] = 1
```

图 2-3　自定义数据

```
import matplotlib.pyplot as plt

plt.scatter(X[y==0,0],X[y==0,1],marker='*')
plt.scatter(X[y==1,0],X[y==1,1],marker='o')
plt.show()
```

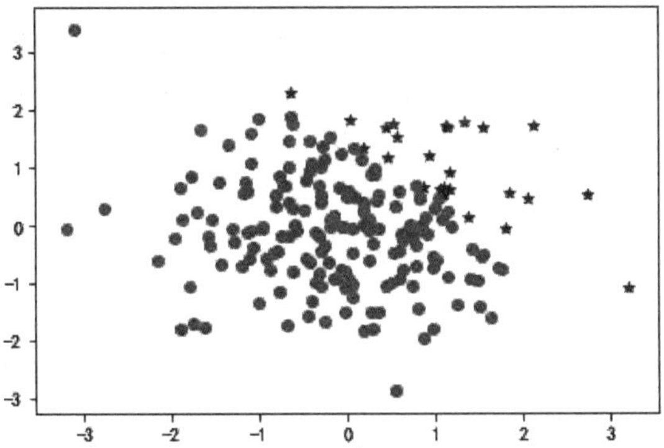

图 2-4　自定义数据的散点图

```
# 标准化数据
from sklearn.preprocessing import StandardScaler
sc = StandardScaler()  # z = (x - u) / s 默认为
sc.fit(X)
x_std = sc.transform(X)  #转换训练集
```

```
# 导入Logistics回归模型
from sklearn.linear_model import LogisticRegression
# 建立模型
lr = LogisticRegression(random_state=0, solver='lbfgs', multi_class='auto',C=0.1)
#训练模型
lr.fit(x_std, y)
```

```
LogisticRegression(C=0.1, class_weight=None, dual=False, fit_intercept=True,
                   intercept_scaling=1, l1_ratio=None, max_iter=100,
                   multi_class='auto', n_jobs=None, penalty='l2',
                   random_state=0, solver='lbfgs', tol=0.0001, verbose=0,
                   warm_start=False)
```

```
import numpy as np
y_hat = lr.predict(x_std)
print('训练正确率: %.2f' % lr.score(x_std, y))
```

```
训练正确率: 0.91
```

图 2-5　逻辑斯特回归模型训练及输出训练准确率

接下来，绘制在训练集上的散点图及模型的决策面，看到模型的分类效果，如图 2-6 所示。

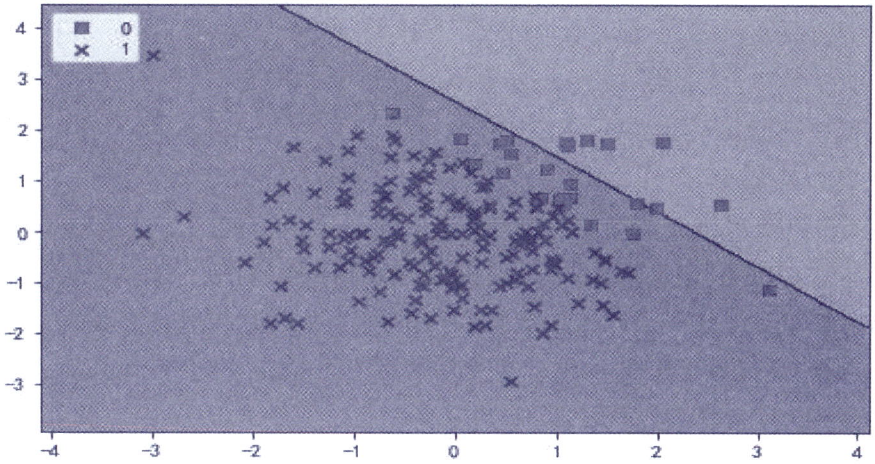

(a) 训练集数据的散点图

```
def plot_decision_regions(X, y, classifier, test_idx=None, resolution=0.02):
    # 设置标记点和颜色
    markers = ('s','x','o','^','v')
    colors = ('red', 'blue', 'lightgreen', 'gray', 'cyan')
    cmap = ListedColormap(colors[:len(np.unique(y))])

    # 绘制决策面
    x1_min, x1_max = X[:, 0].min() - 1, X[:, 0].max() + 1
    x2_min, x2_max = X[:, 1].min() - 1, X[:, 1].max() + 1
    ## 生成网格数据, xx1为横隔线, xx2为纵隔线
    xx1, xx2 = np.meshgrid(np.arange(x1_min, x1_max, resolution),
                           np.arange(x2_min, x2_max, resolution))
    Z = classifier.predict(np.array([xx1.ravel(), xx2.ravel()]).T) # .T是求转置
    Z = Z.reshape(xx1.shape)
    plt.contourf(xx1, xx2, Z, alpha=0.4, cmap=cmap)  # alpha 填充颜色透明度
    plt.xlim(xx1.min(), xx1.max())  # x轴范围, 指定最小值 最大值
    plt.ylim(xx2.min(), xx2.max())  # x轴范围, 指定最小值 最大值

    # 绘制所有的样本点
    for idx, cl in enumerate(np.unique(y)):
        plt.scatter(x=X[y == cl, 0], y=X[y == cl, 1],
                    alpha=0.8, c=cmap(idx),
                    marker=markers[idx], label=cl)

    # 高亮所有的数据点
    if test_idx:
        # 绘制所有数据点
        if not versiontuple(np.__version__) >= versiontuple('1.9.0'):
            X_test, y_test = X[list(test_idx), :], y[list(test_idx)]
            warnings.warn('Please update to NumPy 1.9.0 or newer')
        else:
            X_test, y_test = X[test_idx, :], y[test_idx]
        plt.scatter(X_test[:, 0], X_test[:, 1], c='black',
                alpha=1.0, linewidth=1, marker='o',
                s=25, label='test set')

```

```python
# 调用绘制方法
plot_decision_regions(x_std,       # 训练：x
                      y,           # 训练：y
                      classifier=lr,     # 模型
                      test_idx=range(200, 200)) #测试样本
plt.legend(loc='upper left')  #图例位置
plt.tight_layout()
plt.show()
```

(b) 绘制模型决策面

图 2-6　绘制散点图及模型决策面

2. 鸢尾花数据集上的逻辑斯特回归模型

本任务所采用的鸢尾花数据集是 sklearn 自带数据集中的 iris。**鸢尾花数据**是由著名的统计学家费雪(Fisher)在研究判别分析问题时收集的一些数据，是非常经典的数据集，这个数据集包含了 150 个鸢尾花样本，对应 3 种鸢尾花(0：山鸢尾，1：变色鸢尾，2：维吉尼亚鸢尾)，各 50 个样本(target)，以及它们各自对应的 4 种关于花外形的数据(自变量)。接下来，对该数据集进行逻辑斯特回归分析。

(1) 加载数据，查看数据

sklearn 围绕机器学习提供了很多可直接调用的机器学习算法以及很多经典的数据集。数据集位于 sklearn 的 datasets 中，有 load 和 fetch 两种方式，数据类型都是集成字典类型 load 加载的小数据集，如本案例中使用的鸢尾花数据。

这里使用 load_iris()来导出数据，如图 2-7 所示。

```python
# 读取数据
from sklearn import datasets
iris = datasets.load_iris() #加载数据
print(iris)                 #显示数据
```

```
{'data': array([[5.1, 3.5, 1.4, 0.2],
       [4.9, 3. , 1.4, 0.2],
       [4.7, 3.2, 1.3, 0.2],
       [4.6, 3.1, 1.5, 0.2],
       [5. , 3.6, 1.4, 0.2],
```

部分信息显示

图 2-7　加载数据

通过.data 和.target 可以分别获得分析所用的自变量和因变量，为了可视化显示，选择自变量的前 2 个特征，花萼长度和花萼宽度，如图 2-8 所示。

```python
#获取自变量和因变量
X = iris.data[:, :2]    #选择自变量的前2个特征
y = iris.target         #因变量
```

图 2-8　选择数据

(2) 拆分训练集、测试集

通过 train_test_split，实现数据拆分，设置测试集占原数据集的 20%，并要求按原数据 y 中各类比例，分配给训练集和测试集，保证训练集和测试集中各类数据的比例与原数据集一样，如图 2-9 所示。

```
# 训练数据和测试数据分为8:2
from sklearn.model_selection import train_test_split
x_train, x_test, y_train, y_test =train_test_split(X, y,
                                                   test_size=0.2,
                                                   random_state=0,
                                                   stratify=y)
# 训练集 x_train, y_train
# 测试集 x_test, y_test
# stratify=y 按原数据y中各类比例分配
```

图 2-9 拆分训练集和测试集

(3) 标准化处理

标准化处理类 StandardScaler 位于 sklearn.preprocessing 中，默认将数据转化为均值为 0、方差为 1 的数据，形如标准正态分布(高斯分布)。StandardScaler 的使用，一般是先用 fit，再用 transform，如图 2-10 所示。

```
# 标准化数据
from sklearn.preprocessing import StandardScaler
sc = StandardScaler()  # z = (x - u) / s 默认为
sc.fit(x_train)
x_train_std = sc.transform(x_train)  #转换训练集
x_test_std = sc.transform(x_test)    #转换测试集
```

图 2-10 标准化处理

① 先用 fit。scaler = preprocessing.StandardScaler().fit(X)，用于计算训练数据的均值和方差，后面就会用均值和方差来转换训练数据。

② 再用 transform。scaler.transform(X) 转换 X，使 X 标准化。此外，在预测的时候，也要对数据做同样的标准化处理，即也要用上面的 scaler 中的均值和方差来对预测时候的特征进行标准化。

(4) 逻辑斯特回归建模

在 sklearn 中，与逻辑斯特回归有关的主要有 3 个类：LogisticRegression，LogisticRegressionCV 和 logistic_regression_path。其中，LogisticRegression 和 LogisticRegressionCV 的主要区别是 LogisticRegressionCV 使用了交叉验证来选择正则化系数 C，而 LogisticRegression 需要自己指定一个正则化参系数。

sklearn 中常用的逻辑斯特回归模型为 LogisticRegression，位于 sklearn.linear_model 包中，方法原型为：

```
class sklearn.linear_model.LogisticRegression(penalty='l2', *, dual=False, tol=0.0001,C=1.0, fit_intercept=True, intercept_scaling=1, class_weight=None, random_state=None, solver='lbfgs', max_iter=100, multi_class='auto', verbose=0, warm_start=False, n_jobs=None, l1_ratio=None)
```

【参数说明】

① penalty='l2'：字符串 'l1' 或 'l2'，默认 'l2'。用来指定惩罚的基准(正则化参数)。只有 'l2' 支持 'newton-cg'、'sag' 和 'lbfgs' 这三种算法。如果选择 'l2'，solver 参数可以选择 'liblinear'、'newton-cg'、'sag' 和 'lbfgsV' 这四种算法；如果选择 'l1' 的话就只能用 'liblinear' 算法。

② dual=False：对偶或者原始方法。Dual 只适用于正则化相为 l2 的 'liblinear' 的情况，通常样本数大于特征数的情况下，默认为 False。

③ C=1.0：C 为正则化系数 λ 的倒数，必须为正数，默认为 1。和 SVM 中的 C 一样，值越小，代表正则化越强。

④ fit_intercept=True：是否存在截距，默认存在。

⑤ intercept_scaling=1：仅在正则化项为 'liblinear'，且 fit_intercept 设置为 True 时有用。

⑥ solver='liblinear'：solver 参数决定了对逻辑回归损失函数的优化方法，有四种算法可以选择。

liblinear：使用了开源的 liblinear 库实现，内部使用了坐标轴下降法来迭代优化损失函数。

lbfgs：拟牛顿法的一种，利用损失函数二阶导数矩阵即海森矩阵来迭代优化损失函数。

newton-cg：也是牛顿法家族的一种，利用损失函数二阶导数矩阵即海森矩阵来迭代优化损失函数。

sag：即随机平均梯度下降，是梯度下降法的变种，和普通梯度下降法的区别是每次迭代仅仅用一部分的样本来计算梯度，适用于样本数据多的时候。

LogisticRegression 类的常用方法有以下 5 种。

① fit(X, y, sample_weight=None)拟合模型，用来训练 LR 分类器，其中，X 是训练样本，y 是对应的标记向量，返回对象，self。

② fit_transform(X, y=None, **fit_params)：fit 与 transform 的结合，先 fit 后 transform。返回 X_new：numpy 矩阵。

③ predict(X)：用来预测样本，也就是分类，X 是测试集。返回 array。

④ predict_proba(X)：输出分类概率。返回每种类别的概率，按照分类类别顺序给出。如果是多分类问题，multi_class="multinomial"，则会给出样本对于每种类别的概率。返回

array-like。

⑤ score(X, y, sample_weight = None):返回给定测试集合的平均准确率(mean accuracy),浮点型数值。对于多个分类返回,则返回由每个类别的准确率组成的哈希矩阵。

逻辑斯特回归模型建模如图 2-11 所示。

```
# 导入Logistics回归模型
from sklearn.linear_model import LogisticRegression
# 建立模型
lr = LogisticRegression(random_state=0, solver='lbfgs', multi_class='auto')
#训练模型
lr.fit(x_train_std, y_train)
```

```
LogisticRegression(C=1.0, class_weight=None, dual=False, fit_intercept=True,
                   intercept_scaling=1, l1_ratio=None, max_iter=100,
                   multi_class='auto', n_jobs=None, penalty='l2',
                   random_state=0, solver='lbfgs', tol=0.0001, verbose=0,
                   warm_start=False)
```

图 2-11　逻辑斯特回归建模

(5) 应用逻辑斯特回归模型预测及评估

模型预测是在测试集上完成的,这里利用第(2)步拆分得到的测试数据集,其中一个测试样本如下。这里需要注意的是,显示的一个测试样本也与训练集一样是经过了标准化处理的。使用 predict 方法得到测试结果,该测试样板的预测结果为 0,表示山鸢尾,如图 2-12 所示。

```
print(f'1个测试样本: {x_test_std[0]}, 标签为: {y_test[0]}')

y_test_pre = lr.predict(x_test_std[0].reshape(1, -1) )
print(f'该样本的预测值为{y_test_pre[0]}')
```

```
1个测试样本: [-0.41987875  1.0127482 ], 标签为: 0
该样本的预测值为0
```

图 2-12　一个测试样本的预测结果

将训练好的模型应用于测试集上,测试结果的评估有两种方式,一个是利用 score 方法,另一个是使用 numpy 的 mean 方法,如图 2-13 所示。

```
import numpy as np
y_hat = lr.predict(x_test_std)
#print('y_hat = \n', y_hat)
print('准确度: %.2f%%' % (100*np.mean(y_hat == y_test.ravel())))
print('预测正确率: %.2f' % lr.score(x_test_std, y_test))
```

```
准确度: 73.33%
预测正确率: 0.73
```

图 2-13　测试集的预测结果评估

（6）可视化

下面通过自定义两个方法，得到逻辑斯特回归分类预测的决策面，如图 2-14 所示。

```
import matplotlib.pyplot as plt
from matplotlib.colors import ListedColormap
import warnings
warnings.filterwarnings("ignore")

plt.rcParams['font.sans-serif']=['SimHei']  #用来正常显示中文标签
plt.rcParams['axes.unicode_minus'] = False  #用来正常显示负号
```

```
def versiontuple(v):
    return tuple(map(int, (v.split("."))))
# 以点进行切割 # 把切割后的点转化为整数 # 返回元祖的形式
```

```
def plot_decision_regions(X, y, classifier, test_idx=None, resolution=0.02):
    # 设置标记点和颜色
    markers = ('s','x','o','^','v')                          # 形状
    colors = ('red', 'blue', 'lightgreen', 'gray', 'cyan')  # 颜色
    cmap = ListedColormap(colors[:len(np.unique(y))])   #允许用户使用十六进制颜色

    # 绘制决策面
    x1_min, x1_max = X[:, 0].min() - 1, X[:, 0].max() + 1
    x2_min, x2_max = X[:, 1].min() - 1, X[:, 1].max() + 1
    ## 生成网格数据, xx1为横隔线, xx2为纵隔线
    xx1, xx2 = np.meshgrid(np.arange(x1_min, x1_max, resolution),
                           np.arange(x2_min, x2_max, resolution))
    Z = classifier.predict(np.array([xx1.ravel(), xx2.ravel()]).T) # .T是求转置
    Z = Z.reshape(xx1.shape)
    plt.contourf(xx1, xx2, Z, alpha=0.4, cmap=cmap)  # alpha 填充颜色透明度
    plt.xlim(xx1.min(), xx1.max())  # x轴范围, 指定最小值 最大值
    plt.ylim(xx2.min(), xx2.max())  # x轴范围, 指定最小值 最大值

    # 绘制所有的样本点
    for idx, cl in enumerate(np.unique(y)):
        plt.scatter(x=X[y == cl, 0], y=X[y == cl, 1],
                    alpha=0.8, c=cmap(idx),
                    marker=markers[idx], label=cl)

    # 高亮所有的数据点
    if test_idx:
        # 绘制所有数据点
        if not versiontuple(np.__version__) >= versiontuple('1.9.0'):
            X_test, y_test = X[list(test_idx), :], y[list(test_idx)]
            warnings.warn('Please update to NumPy 1.9.0 or newer')
        else:
            X_test, y_test = X[test_idx, :], y[test_idx]
        plt.scatter(X_test[:, 0], X_test[:, 1], c='black',
                    alpha=1.0, linewidth=1, marker='o',
                    s=25, label='test set')

```

```
# 按垂直方向（行顺序）堆叠数组构成一个新的数组
X_combined_std = np.vstack((x_train_std, x_test_std))
y_combined = np.hstack((y_train, y_test))

# 调用绘制方法
plot_decision_regions(X_combined_std,     # 训练: x
                      y_combined,         # 训练: y
                      classifier=lr,      # 模型
                      test_idx=range(105, 150)) #测试样本
plt.xlabel('花萼 length [standardized]')
plt.ylabel('花萼 width [standardized]')
plt.legend(loc='upper left')  #图例位置
plt.tight_layout()
plt.show()
```

图 2-14　绘制决策面

自定义方法 def versiontuple(v)用于对得到的数据进行处理，提取数据。自定义方法 def plot_decision_regions(X, y, classifier, test_idx=None, resolution=0.02)用于绘制分类后的决策面，如图 2-15 所示。

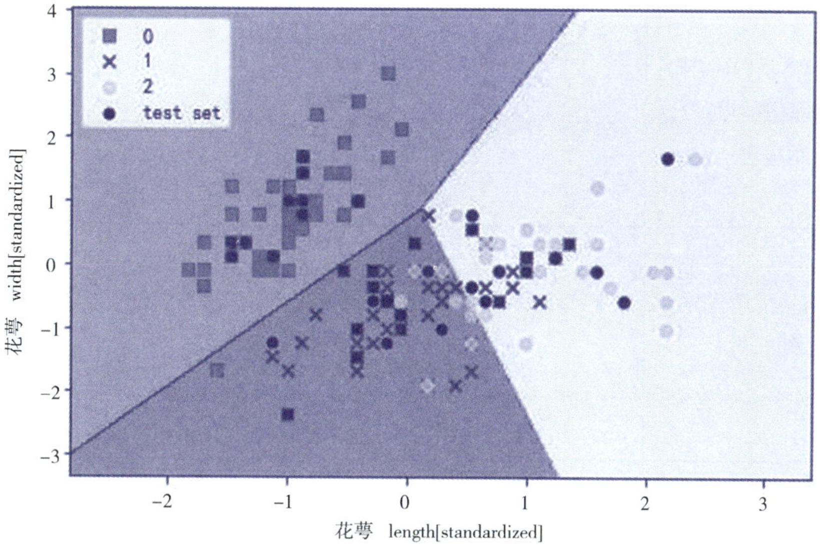

图 2-15　鸢尾花数据集分类决策面

（二）撰写逻辑斯特回归分析报告

以 3 人为小组的方式，尝试对鸢尾花其他特征实施逻辑斯特回归分析，撰写报告。报告应该包含逻辑斯特回归实现的代码、结果的分析等内容。

（三）分享案例

在完成应用报告后，小组合作完成演讲 PPT，以小组汇报的形式讲解本小组的解决方案。

任务评价

（一）自我评价

级别 任务	掌握知识或技能	仍需加强的	完全不理解的
逻辑斯特回归技术体验			
开展逻辑斯特回归应用调研，实现逻辑斯特回归分析，撰写应用报告			
分享应用案例			
在本次的任务实施过程中，你的自评结果是	A. 优秀□　B. 良好□　C. 仍需努力□　D. 搞不清楚□		

（二）标准评价

一、选择题(每题 5 分，共 25 分)

1. 逻辑回归将输出概率限定在［0,1］之间。下列哪个函数起到这样的作用？（　　）

   A. Sigmoid 函数　　　　B. tanh 函数

   C. ReLU 函数　　　　D. sign 函数

2. 图中呈现的是(　　)函数。

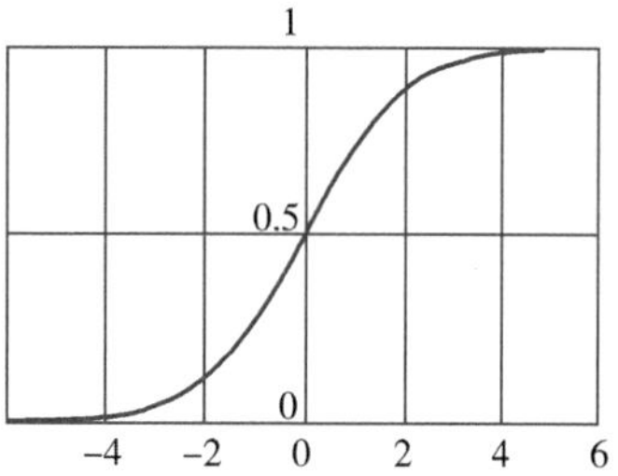

A. 符号　　B. Sigmoid

C. ReLU 函数　　D. 线性

3. 假设使用逻辑回归进行 n 多类别分类,使用 One-vs-rest 分类法。下列说法正确的是?(　　)

A. 对于 n 类别,需要训练 n 个模型

B. 对于 n 类别,需要训练 $n-1$ 个模型

C. 对于 n 类别,只需要训练 1 个模型

D. 以上说法都不对

4. 逻辑回归的损失函数是?(　　)

A. log 对数损失函数　　B. 平方损失函数

C. 指数损失函数　　D. Hinge 损失函数

5. 在 sklearn 的 LogisticRegression 中,如果选择 'l1' 的话,solver 参数为:(　　)。

A. 'liblinear'　　B. 'newton-cg'

C. 'sag'　　D. 'lbfgs'

二、填空题(每题 5 分,共 10 分)

1. sklearn 中逻辑斯特回归名为__________,位于__________包中。

2. sklearn 中的标准化处理是用__________。

三、简答题(60 分)

请简述线性回归与逻辑斯特回归的区别。

任务拓展

任务描述:

本章主要使用逻辑斯特回归解决二分类的问题,那对于多分类的问题,是否也可以用逻辑斯特回归来解决。

任务要求:

以 3 人为小组单位的方式开展任务的调研,撰写报告。报告应该包含逻辑斯特回归的应用案例的背景、逻辑斯特回归处理多分类问题的技术、实现的原理等内容,报告作为作业提交。

任务三 朴素贝叶斯分类

建议学时:4～6 学时。

任务描述

通过本任务的学习,理解朴素贝叶斯的基本概念、基本特征,与线性回归之间的区别与联系;掌握朴素贝叶斯的建模方法;能够应用朴素贝叶斯模型进行预测。

任务目的

(一) 认识朴素贝叶斯的模型;
(二) 了解朴素贝叶斯模型的应用场景;
(三) 掌握朴素贝叶斯建模过程。

任务要求

(一) 以小组的形式完成任务;
(二) 完成朴素贝叶斯的建模代码实现;
(三) 完成朴素贝叶斯实践报告。

基础知识

1. 贝叶斯定理来源

贝叶斯定理是关于随机事件 A 和 B 的条件概率(或边缘概率)的一则定理。其中，$P(A|B)$指在事件 B 发生的情况下事件 A 发生的可能性。

贝叶斯定理也称贝叶斯推理，早在 18 世纪，英国学者贝叶斯(1702—1761)曾提出可利用条件概率的公式解决如下一类问题：假设 $H[1]$，$H[2]\cdots$，$H[n]$互斥且构成一个完全事件，已知它们的概率 $P(H[i])$，$i=1,2,\cdots,n$，现观察到某事件 A 与 $H[1]$，$H[2]\cdots$，$H[n]$相伴随机出现，且已知条件概率 $P(A|H[i])$，求 $P(H[i]|A)$。

2. 贝叶斯定理

从数学角度来说，观察到的一系列特征 $\boldsymbol{x}=[x_1,\ x_2,\cdots,\ x_n]^{\mathrm{T}}$，属于哪一类别？此时可使用后验概率公式解决这个问题，后验概率公式如下：

$$P(C_j \mid x)=\frac{P(x \mid C_j)P(C_j)}{\sum_{i=1}^{N} P(x \mid C_j)P(C_j)}=\frac{P(x \mid C_j)P(C_j)}{P(x)}$$

其中，C_j 为第 j 类，$P(C_j)$为类别 j 的先验概率。从公式中可知对于每一类，$P(x)$都相等，所以最大后验概率正比于 $P(x \mid C_j)$ 和 $P(C_j)$ 的乘积。那么，待识别样本属于哪一类？依据后验概率公式(把样本划分到后验概率大的那一类)，即 $P(C_i \mid x)=\max P(C_j \mid x)$，$j \in [1,N]$，这就是贝叶斯定理。

3. 朴素贝叶斯分类

在朴素贝叶斯分类器中采用了“属性条件独立假设”，即假设每个属性独立地对分类结果产生影响，则类条件概率可写成在每个属性上条件概率的连乘形式。因为分子 $P(x)$与类别标记无关，在给定训练集下对类别预测的产生并不影响，所以，可以很容易地得到相应的贝叶斯判定准则，也就是朴素贝叶斯分类器的表达式。这样在分类问题中，贝叶斯定理的应用就转化为了基于训练集来估计先验概率和条件概率。

对于离散属性，有：

$$P(x_i \mid c)=\frac{|D_{c,x_i}|}{|D_c|}$$

其中，分子为第 C_i类样本中，在第 i 个属性上取值为 x_i的样本组成的集合。分母是训练集 D 中第 C_i类样本组成的集合。

对于连续属性，假定 $p(x_i \mid c) \sim N(\mu_{c,i},\sigma_{c,i}^2)$，则：

$$p(x_i \mid c)=\frac{1}{\sqrt{2\pi}\,\sigma_{c,i}}\exp\left[-\frac{(x_i-\mu_{c,i})^2}{2\sigma_{c,i}^2}\right]$$

例:数据集为表 3-1 中买和不买计算机数据集,预测样本 X =(老,收入=中,学生=否,信誉=优)买或不买计算机。

表 3-1 数据集

计数	年龄	收入	学生	信誉	归类:买计算机?
64	青	高	否	良	不买
64	青	高	否	优	不买
128	中	高	否	良	买
60	老	中	否	良	买
64	老	低	是	良	买
64	老	低	是	优	不买
64	中	低	是	优	买
128	青	中	否	良	不买
64	青	低	是	良	买
132	老	中	是	良	买
64	青	中	是	优	买
32	中	中	否	优	买
32	中	高	是	良	买
63	老	中	否	优	不买
1	老	中	否	优	买

对于年龄、收入、学生、信誉这样的离散属性而言,估计每个属性的条件概率,分子为第 C_i 类样本中,在第 i 个属性上取值为 x_i 的样本组成的数量,除以训练集 D 中第 C_i 类样本组成的数量。于是可以计算出每个类别“买”和“不买”计算机在每个属性上的条件概率值。

$$P(\text{年龄}=\text{“老”} \mid C_1)=256/640=0.4$$
$$P(\text{年龄}=\text{“老”} \mid C_2)=127/383=0.332$$
$$P(\text{收入}=\text{“中”} \mid C_1)=288/640=0.45$$
$$P(\text{收入}=\text{“中”} \mid C_2)=191/383=0.499$$
$$P(\text{学生}=\text{“否”} \mid C_1)=220/640=0.344$$
$$P(\text{学生}=\text{“否”} \mid C_2)=319/383=0.833$$
$$P(\text{信誉}=\text{“优”} \mid C_1)=160/640=0.25$$
$$P(\text{信誉}=\text{“优”} \mid C_2)=191/383=0.499$$

先验概率为

$$P(C_1)=P(\text{买计算机}=\text{“买”})=640/1\,023=0.623$$

$$P(C_2)=P(\text{买计算机}=\text{“不买”})=383/1\,023=0.374$$

所以：

$$P(X \mid C_1)=0.4\times0.45\times0.344\times0.25=0.015$$

$$P(X \mid C_2)=0.332\times0.499\times0.833\times0.499=0.069$$

于是 $P(X \mid C_i)\cdot P(C_i)$：

$$P(X \mid \text{“买”})\cdot P(\text{“买”})=0.623\times0.015=0.009$$

$$P(X \mid \text{“不买”})\cdot P(\text{“不买”})=0.374\times0.069=0.025$$

由计算结果可知 0.025>0.009，因此，X 判定为不买计算机。

4. sklearn 中的朴素贝叶斯分类

在 scikit learn 中，一共有 3 个朴素贝叶斯的分类算法类，分别是 GaussianNB、MultinomialNB 和 BernoulliNB。其中，GaussianNB 是先验为高斯分布的朴素贝叶斯，MultinomialNB 是先验为多项式分布的朴素贝叶斯，而 BernoulliNB 是先验为伯努利分布的朴素贝叶斯。

这三个类适用的分类场景各不相同，一般来说，如果样本特征的分布大部分是连续值，使用 GaussianNB 比较好。如果样本特征的分布大部分是多元离散值，使用 MultinomialNB 比较合适。而如果样本特征是二元离散值或者很稀疏的多元离散值，应该使用 BernoulliNB。

下面主要介绍 sklearn 中的 MultinomialNB。

MultinomialNB 的函数原型为：

```
class sklearn.naive_bayes.MultinomialNB(alpha=1.0, fit_prior=True,
                                        class_prior=None)
```

【参数说明】

① alpha：浮点型可选参数，默认为 1.0。

② fit_prior：布尔型可选参数，默认为 True。布尔参数 fit_prior 表示是否要考虑先验概率，如果是 False，则所有的样本类别输出都有相同的类别先验概率。否则可以用第三个参数 class_prior 输入先验概率，或者不输入第三个参数 class_prior，让 MultinomialNB 从训练集样本计算先验概率。

③ class_prior：可选参数，默认为 None。

任务实施

（一）朴素贝叶斯分类分析实施

1. 创建 Python 文件

在 jupyter 中创建 Python3 文件，命名为“3.朴素贝叶斯分类.ipynb”，如图 3-1 所示。

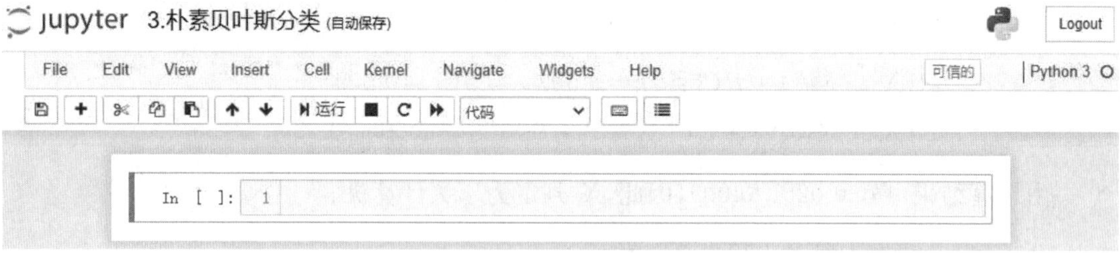

图 3-1 创建文件

2. 一个简单的例子

数据集给出了 6 句评论，3 句属于侮辱性评论，3 句属于非侮辱性评论，使用这 6 条信息训练朴素贝叶斯分类器，并在给出一些文本时，判断这些文本更可能是侮辱性的还是非侮辱性的评论。

如图 3-2 所示，给出了 6 句评论对应的单词 split 以及对应句子的标签值。

```
postingList=[['my', 'dog', 'has', 'flea', 'problems', 'help', 'please'],
             ['maybe', 'not', 'take', 'him', 'to', 'dog', 'park', 'stupid'],
             ['my', 'dalmation', 'is', 'so', 'cute', 'I', 'love', 'him'],
             ['stop', 'posting', 'stupid', 'worthless', 'garbage'],
             ['mr', 'licks', 'ate', 'my', 'steak', 'how', 'to', 'stop', 'him'],
             ['quit', 'buying', 'worthless', 'dog', 'food', 'stupid']]
classVec = [0,1,0,1,0,1]    #0代表好，1代表不好
```

图 3-2 6 句评论

如图 3-3 所示，使用 set()方法提取集合中的唯一 unique 值，并通过循环，得到输入文本的无重复文本。

如图 3-4 所示，完成字符向量到数字向量的转化，每当字符出现一次时，在 vocablist 对应位置的 returnVec 列表就增加一次字符出现的次数。

如图 3-5 所示，基于文本向量化的结果，构成训练矩阵。

如图 3-6 所示，调用 sklearn 中的贝叶斯分类模型，在构建后的训练矩阵上完成训练。

如图 3-7 所示，给出 1 个测试集，基于训练好的贝叶斯分类模型完成该测试集的预测，预测结果为 0，表明是非侮辱性评论。

```
def createVocabList(dataSet):
# dataSet:输入字符列表，提取字符列表中的唯一值
    vocabSet = set([])
    for document in dataSet:
        vocabSet = vocabSet | set(document) #集合取并
    return list(vocabSet) # 包含datSet中不重复词条的列表

myVocabList = createVocabList(postingList) # 调用
print(myVocabList)
```

```
['quit', 'I', 'help', 'please', 'licks', 'ate', 'not', 'has', 'dalmation', 'food', 'do
g', 'so', 'mr', 'maybe', 'my', 'problems', 'garbage', 'him', 'stupid', 'cute', 'worthle
ss', 'buying', 'park', 'steak', 'love', 'how', 'to', 'is', 'flea', 'stop', 'posting',
'take']
```

图 3-3　输入文本中的单词

```
def setOfWords2Vec(vocabList, inputSet):
# vocablist:文本全部无重复词条
# inputSet:输入待检测词条

    returnVec = [0]*len(vocabList)
    for word in inputSet:
        if word in vocabList:
            returnVec[vocabList.index(word)] = 1
        else: print ("the word: %s is not in my Vocabulary!" % word)
    return returnVec  # 返回bool型列表，显示vocablist中词频
```

图 3-4　文本向量化

```
trainMat=[]#初始化训练集合
for postinDoc in postingList:
    trainMat.append(setOfWords2Vec(myVocabList, postinDoc))

print(trainMat)
```

```
[[0, 0, 1, 1, 0, 0, 0, 1, 0, 0, 1, 0, 0, 0, 1, 1, 0, 0, 0, 0, 0, 0, 0, 0, 0, 0, 0, 0,
1, 0, 0, 0], [0, 0, 0, 0, 0, 0, 1, 0, 0, 0, 1, 0, 0, 1, 0, 0, 0, 1, 1, 0, 0, 0, 1, 0,
0, 0, 1, 0, 0, 0, 0, 1], [0, 1, 0, 0, 0, 0, 0, 0, 1, 0, 0, 1, 0, 0, 1, 0, 0, 1, 0, 1,
0, 0, 0, 0, 1, 0, 0, 1, 0, 0, 0, 0], [0, 0, 0, 0, 0, 0, 0, 0, 0, 0, 0, 0, 0, 0, 0, 0,
1, 0, 1, 0, 1, 0, 0, 0, 0, 0, 0, 0, 0, 1, 1, 0], [0, 0, 0, 0, 1, 1, 0, 0, 0, 0, 0, 0,
1, 0, 1, 0, 0, 1, 0, 0, 0, 0, 0, 1, 0, 1, 1, 0, 0, 1, 0, 0], [1, 0, 0, 0, 0, 0, 0, 0,
0, 1, 1, 0, 0, 0, 0, 0, 0, 0, 1, 0, 1, 1, 0, 0, 0, 0, 0, 0, 0, 0, 0, 0]]
```

图 3-5　训练集

```
# 从sklearn.naive_bayes里导入朴素贝叶斯模型
from sklearn.naive_bayes import MultinomialNB
import numpy as np

#使用朴素贝叶斯进行训练
mnb = MultinomialNB()    # 使用默认配置初始化朴素贝叶斯
mnb.fit(trainMat, classVec)     # 利用训练数据对模型参数进行估计

```

```
MultinomialNB(alpha=1.0, class_prior=None, fit_prior=True)
```

图 3-6 构建贝叶斯分类模型

```
testEntry = ['love', 'my', 'dalmation']#测试集1

thisDoc = np.array(setOfWords2Vec(myVocabList, testEntry))#转化为数字向量

y_predict = mnb.predict(thisDoc.reshape(1, -1))      # 进行预测

print(f'{testEntry}被分类为{y_predict[0]}')
```

```
['love', 'my', 'dalmation']被分类为0
```

图 3-7 预测

3. 新闻数据集的朴素贝叶斯分类模型

朴素贝叶斯模型有着广泛的实际应用环境，特别是在文本分类的任务中，包括互联网新闻的分类、垃圾邮件的筛选等。本案例中，我们将使用经典的 20 类新闻文本作为试验数据。

（1）加载数据，查看数据

数据来源于 sklearn 的 datasets，如图 3-8 所示。

```
# 从sklearn.datasets里导入新闻数据抓取器 fetch_20newsgroups
from sklearn.datasets import fetch_20newsgroups

#1.数据获取
news = fetch_20newsgroups(subset='all')
print(len(news.data))  # 输出数据的条数：18846
```

```
18846
```

图 3-8 获取新闻数据

查看第一条新闻样本，.target 是新闻数据的标签，.data 是新闻数据文本，如图 3-9 所示。

（2）数据集分割

通过 train_test_split 实现数据拆分，设置测试集占原数据集的 25%，如图 3-10 所示。

```
print(news.target[0])
```

```
10
```

```
print(news.data[0])
```

```
From: Mamatha Devineni Ratnam <mr47+@andrew.cmu.edu>
Subject: Pens fans reactions
Organization: Post Office, Carnegie Mellon, Pittsburgh, PA
Lines: 12
NNTP-Posting-Host: po4.andrew.cmu.edu



I am sure some bashers of Pens fans are pretty confused about the lack
of any kind of posts about the recent Pens massacre of the Devils. Actually,
I am  bit puzzled too and a bit relieved. However, I am going to put an end
to non-PIttsburghers' relief with a bit of praise for the Pens. Man, they
are killing those Devils worse than I thought. Jagr just showed you why
he is much better than his regular season stats. He is also a lot
fo fun to watch in the playoffs. Bowman should let JAgr have a lot of
fun in the next couple of games since the Pens are going to beat the pulp out of Jersey
anyway. I was very disappointed not to see the Islanders lose the final
regular season game.          PENS RULE!!!
```

图 3-9　查看第一条新闻样本

```
from sklearn.model_selection import  train_test_split

#2.数据预处理：训练集和测试集分割
X_train,X_test,y_train,y_test = train_test_split(news.data,news.target,
                                                   test_size=0.25,random_state=33)
print('训练样本量为：',len(X_train))
print('测试集样本量为：',len(X_test))

print(X_train[0])  #查看训练样本
print(y_train[0:100])  #查看标签
```

```
训练样本量为： 14134
测试集样本量为： 4712
From: scotts@math.orst.edu (Scott Settlemier)
Subject: FORSALE: MAG Innovision MX15F 1280x1024
Article-I.D.: gaia.1r7hir$9sk
Distribution: world
Organization: Oregon State University Math Department
Lines: 7
NNTP-Posting-Host: math.orst.edu

MAG Innovision MX15F
Fantastic 15" multiscan monitor that can display up to
1280x1024 noninterlaced (!) with .26 mm dot pitch.
If you are looking for a large crystal clear super vga
monitor then this is for you.
$430   call Scott at (503) 757-3483 or
email scotts@math.orst.edu

[ 6  1  5  6  5  3 19  8 19 19  3 16  3  1 13 14  4  8  0 13 13 11 19 16
 10 18  9 19  5  3 15  2  0  8 19 12  9  3 19  0  3  3  8 16 16  6 13  8
  8 11 11 11  6  0 13  3 11  9 15  8  8 14 18  2  3  5 14  8 12 15  0 18
  1  0 13 16 14  7 18  5 15  3  5 17 15  2  8  9 14 10  3 14 11 11  3 15
  6 10 14 19]
```

图 3-10　拆分数据集

(3) 文本向量化

由以上代码的输出,可获知该数据不同于前面的样例数据,这些文本数据既没有被设定特征,也没有数字化的量度。因此,在交给朴素贝叶斯分类器学习之前要对数据做进一步的处理。

在这里我们使用 CountVectorizer 对文本进行向量化处理,其位于 sklearn.feature_extraction.text 包中。CountVectorizer 是一个文本特征提取方法,对于每一个训练文本,它只考虑每种词汇在该训练文本中出现的频率。CountVectorizer 会将文本中的词语转换为词频矩阵,通过 fit_transform 函数计算各个词语出现的次数。如图 3-11 所示。

```
# 从sklearn.feature_extraction.text里导入文本特征向量化模块
from sklearn.feature_extraction.text import CountVectorizer

#文本特征向量化
vec = CountVectorizer()
X_train = vec.fit_transform(X_train)
X_test = vec.transform(X_test)
```

图 3-11　文本向量化处理

查看文本向量化处理结果,其中第一条数据部分显示结果如图 3-12 所示。

```
print(X_train[0])  # 显示第一个文本向量化后的样子
```

```
(0, 66520)	1
(0, 122236)	2
(0, 93010)	4
(0, 105230)	3
(0, 59188)	3
(0, 122222)	2
(0, 123300)	1
(0, 128977)	1
(0, 65921)	1
(0, 91899)	2
(0, 78632)	2
(0, 99226)	2
(0, 4447)	2
(0, 35136)	1
```

图 3-12　部分向量化显示结果

(4) 朴素贝叶斯分类建模及预测

利用朴素贝叶斯模型从训练数据中估计参数,最后利用这些概率参数对同样转化为特征向量的测试新闻样本进行类别预测,如图 3-13 所示。

关于性能测评,可利用准确率、召回率、精确率和 F1 指标进行评估。准确率是分类正确的样本数占样本总数的比例。在有些情况下,准确率并不能很好地反映模型的性能,为了有效判断一个预测模型的性能表现,需要结合真实值计算出召回率、精确率和 F1 指标值。召回率是指某类样本中被识别为该类别的比例。精确率是指预测为某类别的样本中实际为该类别的比例。F1 指标是召回率和精确率乘积的 2 倍除以精确率和召回率的和,即 F1 指

```
# 从sklean.naive_bayes里导入朴素贝叶斯模型
from sklearn.naive_bayes import MultinomialNB

#3.使用朴素贝叶斯进行训练
mnb = MultinomialNB()    # 使用默认配置初始化朴素贝叶斯
mnb.fit(X_train,y_train)    # 利用训练数据对模型参数进行估计
y_predict = mnb.predict(X_test)    # 对参数进行预测
```

图 3-13　朴素贝叶斯分类建模及预测

标=[(召回率×精确率)×2/(精确率+召回率)],是一个综合考虑召回率和精确率的性能度量指标。

利用这 4 个测度对朴素贝叶斯模型在 20 类新闻文本分类任务上的性能进行评估,如图 3-14 所示。

```
from sklearn.metrics import classification_report
#4.获取结果报告
print('The Accuracy of Naive Bayes Classifier is:', mnb.score(X_test,y_test))
print(classification_report(y_test, y_predict, target_names = news.target_names))
```

图 3-14　性能测评

性能测度结果如图 3-15 所示,可知朴素贝叶斯分类器对 4 712 条新闻文本测试样本分类的准确性约为 83.977%,平均精确率、召回率以及 F1 指标分别为 0.86,0.84 和 0. 82。

```
The Accuracy of Naive Bayes Classifier is: 0.8397707979626485
                          precision    recall  f1-score   support

             alt.atheism       0.86      0.86      0.86       201
           comp.graphics       0.59      0.86      0.70       250
 comp.os.ms-windows.misc       0.89      0.10      0.17       248
comp.sys.ibm.pc.hardware       0.60      0.88      0.72       240
   comp.sys.mac.hardware       0.93      0.78      0.85       242
          comp.windows.x       0.82      0.84      0.83       263
            misc.forsale       0.91      0.70      0.79       257
               rec.autos       0.89      0.89      0.89       238
         rec.motorcycles       0.98      0.92      0.95       276
      rec.sport.baseball       0.98      0.91      0.95       251
        rec.sport.hockey       0.93      0.99      0.96       233
               sci.crypt       0.86      0.98      0.91       238
         sci.electronics       0.85      0.88      0.86       249
                 sci.med       0.92      0.94      0.93       245
               sci.space       0.89      0.96      0.92       221
  soc.religion.christian       0.78      0.96      0.86       232
      talk.politics.guns       0.88      0.96      0.92       251
   talk.politics.mideast       0.90      0.98      0.94       231
      talk.politics.misc       0.79      0.89      0.84       188
      talk.religion.misc       0.93      0.44      0.60       158

                accuracy                           0.84      4712
               macro avg       0.86      0.84      0.82      4712
            weighted avg       0.86      0.84      0.82      4712
```

图 3-15　性能测评结果

（5）小结

朴素贝叶斯模型被广泛应用于海量互联网文本分类任务。由于其较强的特征条件独立假设，模型预测所需要估计的参数规模从幂指数量级向线性量级减少，极大地节约了内存消耗和计算时间。但是，也正是受这种强假设的限制，模型训练时无法将各个特征之间的联系考量在内，使得该模型在其他数据特征关联性较强的分类任务上的性能表现不佳。

（二）撰写朴素贝叶斯分类回归分析报告

以 3 人为小组单位的方式完成对鸢尾花数据的贝叶斯分类分析，撰写报告。报告应该包含朴素贝叶斯分类实现的代码、结果分析等内容。

（三）分享案例

在完成应用报告后，小组合作完成演讲 PPT，以小组汇报的形式讲解本小组的解决方案。

任务评价

（一）自我评价

级别 任务	掌握知识或技能	仍需加强的	完全不理解的
朴素贝叶斯分类技术体验			
开展朴素贝叶斯分类应用调研，实现朴素贝叶斯分类分析，撰写应用报告			

（续表）

级别 / 任务	掌握知识或技能	仍需加强的	完全不理解的
分享应用案例			
在本次的任务实施过程中，你的自评结果是	A. 优秀☐　B. 良好☐　C. 仍需努力☐　D. 搞不清楚☐		

（二）标准评价

一、选择题（每题 5 分，共 25 分）

1. 下面属于 sklearn 中的贝叶斯分类是？（　　）

   A. MultinomialNB　　　B. GaussianNB

   C. BernoulliNB　　　D. 以上都是

2. 先验为高斯分布的朴素贝叶斯是？（　　）

   A. MultinomialNB　　　B. GaussianNB

   C. BernoulliNB　　　D. 以上都是

3. 下面关于贝叶斯分类器描述错误的是？（　　）

   A. 以贝叶斯定理为基础

   B. 是基于后验概率，推导出先验概率

   C. 可以解决有监督学习的问题

   D. 可以用极大似然估计法解贝叶斯分类器

4. 概率论中 $P(A|B)$ 表示什么意思？（　　）

   A. A 事件发生的情况下 B 事件的概率

   B. B 事件发生的情况下 A 事件的概率

   C. A 事件和 B 事件同时发生的概率

   D. A 事件或 B 事件发生的概率

5. 关于朴素贝叶斯分类算法,描述正确的是?(　　)

A. 假设属性之间相互独立

B. 根据先验概率计算后验概率

C. 对于给定的待分类项 $X=\{a_1, a_2, \cdots, a_n\}$,求解在此项出现的条件下各个类别 y_i 出现的概率,哪个 $P(y_i|X)$ 最大,就把此待分类项归属于哪个类别

D. 有最小错误率判断规则和最小风险判断规则

二、判断题(每题 10 分,共 20 分)

1. 朴素贝叶斯算法不需要样本特征之间的独立同分布。(　　)
2. 朴素贝叶斯的"不依赖假设"总是成立。(　　)

三、简答题(55 分)

请简述朴素贝叶斯分类的工作原理。

任务拓展

任务描述:

多项式贝叶斯是除了高斯贝叶斯之外,最为人所熟知的贝叶斯算法,它基于原始的贝叶斯理论,但假设概率分布是服从一个简单多项式分布。那么,在 sklearn 中如何使用多项式贝叶斯?请给出一个案例。

任务要求:

以 3 人为小组单位的方式开展任务的调研,撰写报告。报告应该包含贝叶斯分类的应用场景、多项式贝叶斯分类问题的技术、实现的原理等内容,报告作为作业提交。

任务四 决策树分类

建议学时:4～6 学时。

任务描述

通过本任务的学习,理解分类分析的适用场景,决策树分类的基本概念、基本特征,决策树分类方法的类型;掌握决策树分类的建模方法;能够应用决策树分类模型进行预测。

任务目的

(一) 认识决策树分类模型,了解决策树分类的应用场景;
(二) 理解并掌握熵、信息增益、gini 指数的概念;
(三) 掌握决策树的建模过程。

任务要求

(一) 以小组的形式完成任务;
(二) 完成决策树建模代码实现;
(三) 完成决策树分类预测实践报告。

基础知识

1. 决策树基本概念

决策树是以实例为基础的归纳学习算法。它采用自顶向下的递归方式，在决策树的内部结点进行属性值的比较，并根据不同的属性值从该结点向下分支，叶结点是要学习划分的类。图 4-1 即为一棵决策树。

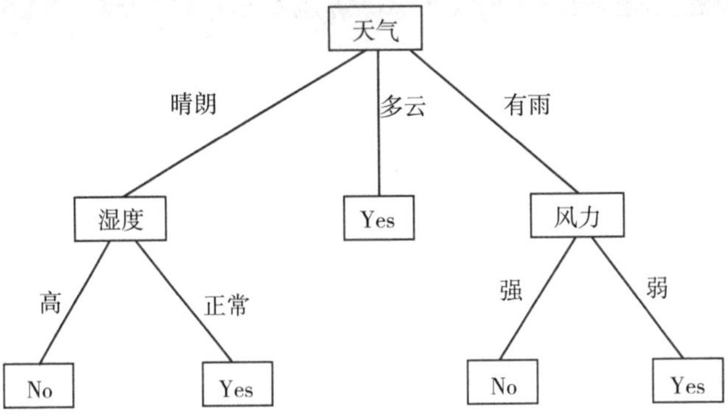

图 4-1　一棵决策树

从根到叶结点的一条路径对应一条合取规则，整个决策树对应一组析取表达式规则。例如，图 4-1 对应规则如下。

R1：如果(天气＝晴朗) ∩ (湿度＝高)，那么出去玩 ＝ No；

R2：如果(天气＝晴朗) ∩ (湿度＝正常)，那么出去玩 ＝Yes；

R3：如果(天气＝多云)，那么出去玩 ＝Yes；

R4：如果(天气＝有雨) ∩(风力＝强)，那么出去玩 ＝No；

R5：如果(天气＝有雨) ∩(风力＝弱)，那么出去玩 ＝Yes。

2. 决策树的生成过程

首先，选择一个属性放置在根节点，为每一个可能的属性值产生一个分支。这将是样本集分裂成多个子集，一个子集对应一个属性值。然后在每一个分支上递归地重复这个过程(仅使用真正到达这个分支的样本)。如果一个节点上的所有样本都拥有相同的类别，则停止该部分树的扩展。

【相关概念】

分裂：在决策树的训练过程中，需要一次次地将训练数据集分裂成两个子数据集，这个过程就叫作分裂。

特征：在分类问题中，输入到分类器中的数据叫作特征。

分裂特征：每一次选取的特征就是分裂特征。

其中，在样本集分裂时，如何确定分裂属性是决策树生成过程中的关键问题，主要解决方法包括以下 3 种。

(1) 基于信息熵的信息增益策略

这个策略是在 1986 年，由罗斯・昆兰(Ross Quinlan)提出，称为著名的 ID3 算法。该算法假定离散属性 a 有 v 个可能的取值，若使用 a 来对样本集 D 进行划分，则会产生 v 个分支，其中，第 v 个分支结点包含了 D 中所有在属性 a 上取值为 a^v 的样本，计为 D^v。则在属性 a 上，对样本集 D 进行划分，所获得的"信息增益"(information gain)为

$$\mathrm{Gain}(D,\ a)=\mathrm{Ent}(D)-\sum_{v=1}^{V}\frac{|D^v|}{|D|}\mathrm{Ent}(D^v) \tag{4-1}$$

其中，Ent (D) 为对样本集 D 划分前样本集 D 的信息熵，$|D|$ 为样本集 D 包含的样本数目。

信息增益是当前划分对信息熵所造成的变化，即属性 a 分裂前后纯度的提升程度。一般而言，信息增益越大，则意味着使用属性 a 进行划分所获得的纯度提升越大。著名的 ID3 决策树算法就是采用信息增益作为最优划分选择。

(2) 改进 ID3 算法的信息增益率策略

在 ID3 算法的基础上，1993 年罗斯・昆兰又提出了 C4.5 算法，引入了信息增益率作为度量参数，主要是为了解决 ID3 在划分时偏向于取值数目较多的属性问题。信息增益率的公式为

$$\mathrm{Gain\_ratio}(D,a)=\frac{\mathrm{Grain}(D,a)}{\mathrm{IV}(a)} \tag{4-2}$$

其中，

$$\mathrm{IV}(a)=-\sum_{v=1}^{V}\frac{|D^v|}{|D|}\log_2\frac{|D^v|}{|D|} \tag{4-3}$$

(3) gini 指数

基于 gini 指数形成的是 CART 算法。CART 假设决策树是二叉树，内部结点特征的取值为"是"和"否"，左分支是取值为"是"的分支，右分支是取值为"否"的分支。对分类树而言，CART 用 gini 指数最小化准则来进行分裂属性的选择，生成二叉树。gini 指数为

$$\mathrm{Gini}(D)=\sum_{k=1}^{n}\sum_{k'\neq k}p_k\,p_{k'}=1-\sum_{k=1}^{n}p_k^2 \tag{4-4}$$

gini 指数反映了从数据集 D 中随机抽取两个样例，其类别标记不一致的概率。

3. sklearn 中的决策树模型

sklearn 实现了以下四种类型的树，如表 4-1 所示。

表 4-1　**Sklearn.tree 模块**

tree.DecisionTreeClassifier	分类树
tree.DecisionTreeRegressor	回归树
tree.ExtraTreeClassifier	高随机版本的分类树
tree.ExtraTreeRegressor	高随机版本的回归树
tree.export_graphviz	决策树的可视化 将生成的决策树导出为 dot 格式，画图

上述提到的用于分类任务的决策树，主要使用 tree.DecisionTreeClassifier 类，其参数主要包括以下两种。

（1）criterion：分裂属性选择标准，有 entropy 和 gini 两个值，默认为 gini。

（2）random_state：用来设置分枝中的随机模式的参数，默认为 None。在高维度时随机性会表现更明显，低维度的数据（比如鸢尾花数据集），随机性几乎不会显现。输入任意整数时，会一直长出同一棵树，使模型稳定。

任务实施

（一）决策树分类分析实施

在 jupyter 中创建 Python3 文件，命名为“4.决策树分类.ipynb”，如图 4-2 所示。

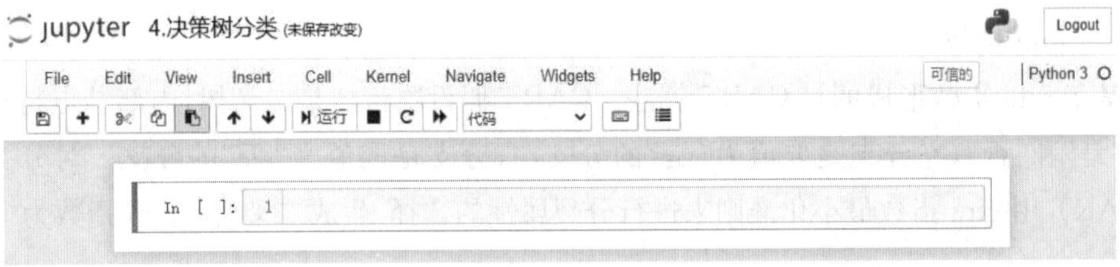

图 4-2　创建文件

1. 一个简单的例子

图 4-3 展示了决策树分析的基本过程，首先构建训练集，然后在该训练集上，导入 sklearn 中决策树模块，完成训练，最后在测试集上进行预测，预测结果为类别 1。

下面任务所采用的红酒数据集是 sklearn 自带数据集中的 Wine。该数据集共 178 个样本。这些葡萄酒来自 3 个不一样的品种（分别有 59、71、48 个样本），以及与之对应的 13 维的属性数据，适用于分类任务。

```python
# 训练数据
X = [[0, 0], [1, 1]]
Y = [0, 1]

# 构建模型，并训练
from sklearn import tree
clf = tree.DecisionTreeClassifier()
clf = clf.fit(X, Y)

# 预测[2, 2]的类别
print(clf.predict([[2,2]]))
```

图 4-3 一个简单的例子

2. Wine 数据集上构建决策树分类模型

Wine 数据集位于 sklearn 的 datasets 中，可采用 load_wine()的方式完成加载，如图 4-4 所示。

```python
from sklearn.datasets import load_wine#wine数据集

wine = load_wine()
print(wine) # 红酒数据集显示
```

图 4-4 加载数据

通过图 4-5 数据集的显示结果可见，数据集是以字典的形式存在。

```
{'data': array([[1.423e+01, 1.710e+00, 2.430e+00, ..., 1.040e+00, 3.920e+00,
         1.065e+03],
        [1.320e+01, 1.780e+00, 2.140e+00, ..., 1.050e+00, 3.400e+00,
         1.050e+03],
        [1.316e+01, 2.360e+00, 2.670e+00, ..., 1.030e+00, 3.170e+00,
         1.185e+03],
        ...,
        [1.327e+01, 4.280e+00, 2.260e+00, ..., 5.900e-01, 1.560e+00,
         8.350e+02],
        [1.317e+01, 2.590e+00, 2.370e+00, ..., 6.000e-01, 1.620e+00,
         8.400e+02],
        [1.413e+01, 4.100e+00, 2.740e+00, ..., 6.100e-01, 1.600e+00,
         5.600e+02]]), 'target': array([0, 0, 0, 0, 0, 0, 0, 0, 0, 0, 0, 0, 0, 0, 0, 0,
0, 0, 0, 0, 0, 0,
        0, 0, 0, 0, 0, 0, 0, 0, 0, 0, 0, 0, 0, 0, 0, 0, 0, 0, 0, 0, 0, 0,
        0, 0, 0, 0, 0, 0, 0, 0, 0, 0, 0, 0, 0, 0, 0, 1, 1, 1, 1, 1, 1, 1,
        1, 1, 1, 1, 1, 1, 1, 1, 1, 1, 1, 1, 1, 1, 1, 1, 1, 1, 1, 1, 1, 1,
        1, 1, 1, 1, 1, 1, 1, 1, 1, 1, 1, 1, 1, 1, 1, 1, 1, 1, 1, 1, 1, 1,
        1, 1, 1, 1, 1, 1, 1, 1, 1, 1, 1, 1, 1, 1, 1, 1, 1, 1, 1, 1, 2, 2,
        2, 2, 2, 2, 2, 2, 2, 2, 2, 2, 2, 2, 2, 2, 2, 2, 2, 2, 2, 2, 2, 2,
        2, 2, 2, 2, 2, 2, 2, 2, 2, 2, 2, 2, 2, 2, 2, 2, 2, 2, 2, 2, 2, 2,
        2, 2]), 'target_names': array(['class_0', 'class_1', 'class_2'], dtype='<U7'),
'DESCR': '.. _wine_dataset:\n\nWine recognition dataset\n————————————————————\n\n**
```

图 4-5 红酒数据集的显示

3. 提取红酒属性数据和类别

如图 4-6 所示，通过.data 和.target 可以分别获得分析所用的自变量和因变量；通过 type 方法可知 data 为 numpy 的 ndarray 类型；通过.feature_names 可以得到数据集的各特征名称。

```
data = wine['data']
target = wine['target']

print(type(data))     #通过type查看变量的类型
print(type(target))
print("特征名称：\n",wine.feature_names)
```

```
<class 'numpy.ndarray'>
<class 'numpy.ndarray'>
特征名称：
 ['alcohol', 'malic_acid', 'ash', 'alcalinity_of_ash', 'magnesium', 'total_phenols', 'f
lavanoids', 'nonflavanoid_phenols', 'proanthocyanins', 'color_intensity', 'hue', 'od28
0/od315_of_diluted_wines', 'proline']
```

图 4-6 提取自变量和类别

通过 shape 进行查看数据集的维度信息，用 numpy 的 unique 方法获得标签种类，如图 4-7 所示。

```
import numpy as np

print(data.shape)    # 查看数据维度
print(target.shape)  # 查看标签维度

np.unique(target)    # 查看标签种类
```

```
(178, 13)
(178,)

array([0, 1, 2])
```

图 4-7 查看数据信息

为了观看数据，可将数据转换为 pandas 的 DataFrame 类型后，使用 head 方法查看前 5 行数据，如图 4-8 所示。

```
import pandas as pd
pd.DataFrame(data).head()   # 查看前5行记录
```

	0	1	2	3	4	5	6	7	8	9	10	11	12
0	14.23	1.71	2.43	15.6	127.0	2.80	3.06	0.28	2.29	5.64	1.04	3.92	1065.0
1	13.20	1.78	2.14	11.2	100.0	2.65	2.76	0.26	1.28	4.38	1.05	3.40	1050.0
2	13.16	2.36	2.67	18.6	101.0	2.80	3.24	0.30	2.81	5.68	1.03	3.17	1185.0
3	14.37	1.95	2.50	16.8	113.0	3.85	3.49	0.24	2.18	7.80	0.86	3.45	1480.0
4	13.24	2.59	2.87	21.0	118.0	2.80	2.69	0.39	1.82	4.32	1.04	2.93	735.0

图 4-8 查看数据部分

4. 拆分测试集、训练集

通过 train_test_split，实现数据拆分，设置测试数据集占原数据集的 30%，如图 4-9 所示。

```
#2训练集和测试集的划分
from sklearn.model_selection import train_test_split
x_train,x_test,y_train,y_test=train_test_split(data,target,
                                               test_size=0.3,
                                               random_state=28)
print('训练集数量：',x_train.shape)
print('测试集数量',x_test.shape)
```

```
训练集数量： (124, 13)
测试集数量 (54, 13)
```

图 4-9　数据集划分

5. 建立决策树分类模型

导入 sklearn 的 tree 包后，调用 DecisionTreeClassifier 方法，设置决策树的属性分裂策略为“entropy”，表示采用信息熵的方法进行属性分裂，如图 4-10 所示，然后使用 fit 方法在训练集上进行训练。

```
#3决策树模型
from sklearn import tree  # 导入树包

model_DT=tree.DecisionTreeClassifier(criterion="entropy")
#默认criterion="gini"即CART树  criterion="entropy"表信息增益

model_DT.fit(x_train,y_train)          # 训练
```

图 4-10　决策树建模

6. 评估构建的决策树分类模型

在测试集上进行评估，测试集来自前面拆分的结果，调用 score 方法得到模型的测试评分，如图 4-11 所示，预测结果中的 0,1,2 分别对应不同的品种。

```
# 评估模型
score=model_DT.score(x_test,y_test)    # 测试
print("模型的测试的分数:{}".format(score))
```

```
模型的测试的分数:0.8888888888888888
```

```
print("返回每个测试样本所在的叶子节点的索引:\n{}".format(model_DT.apply(x_test)))
print("返回每个测试样本的分类结果:\n{}".format(model_DT.predict(x_test)))
```

```
返回每个测试样本所在的叶子节点的索引:
[12  3 12  8  3 12  6  6 12  3  6 12  6  6  6  3  3  3  6  6  6  6  6  3
  2  6  3 12 12  3  8  2 12  6  8 12 12  3  8  8 12  6  6  6 11  6  3  2
 12  6 12  2 12  3]
返回每个测试样本的分类结果:
[0 2 0 1 2 0 1 1 0 2 1 0 1 1 1 2 2 2 1 1 1 1 1 2 1 1 2 0 0 2 1 1 0 1 1 0 0
 2 1 1 0 1 1 1 1 1 2 1 0 1 0 1 0 2]
```

图 4-11　决策树的训练与评估

7. 可视化决策树

决策树的可视化需要提前安装好 graphviz,如图 4-12 所示。

```
pip install graphviz
```

```
Looking in indexes: https://mirrors.aliyun.com/pypi/simple
Collecting graphviz
  Downloading https://mirrors.aliyun.com/pypi/packages/97/14/b5eeeb6d24dbca0ada857ce4a4
53985df34d9512464bb20cc1a8aca44c54/graphviz-0.17-py3-none-any.whl (18 kB)
Installing collected packages: graphviz
Successfully installed graphviz-0.17
Note: you may need to restart the kernel to use updated packages.
```

图 4-12 安装 graphviz

完成图 4-13 中上方代码,可得到数据集的可视化,通过该可视化结果,可以清晰地看到从根节点到树叶子结点形成的决策树判别规则。

图 4-13 中树状图是对训练集上得到模型的可视化,自顶向下,从根结点开始逐层向下依据信息熵选择最佳分裂特征进行分裂,直到不再可分。这样就从根结点到树叶子结点形成的决策树判别规则,如最左分支形成的规则是“如果类黄酮<=14,颜色强度<=3.8,那么该酒的类别=张裕”。

```
#5可视化
import graphviz # 需要提前安装

#下面这个myFeatureName是红酒数据集的feature_names翻译过来的 用于可视化
myFeatureName=['酒精','苹果酸','灰','灰碱度','镁','总酚','类黄酮',
               '非类黄酮酚','花青素','颜色强度','色调','od315','脯氨酸']

#下面这部分代码是用于可视化决策树 不过得先安装好库graphviz
dot_data=tree.export_graphviz(model_DT  # 得到的决策树模型
                              ,feature_names=myFeatureName#数据集的特征名
                              #如果把红酒数据集的target_names换成了这三个中文
                              ,class_names=['长城','张裕','贺兰山']
                              ,filled=True
                              ,rounded=True
                              ,out_file="myowntree.dot"
                              )

with open("myowntree.dot",encoding='utf-8') as f:
    dot_grah=f.read()
graph=graphviz.Source(dot_grah.replace("helvetica","FangSong"))
graph.view() #显示
```

```
'Source.gv.pdf'
```

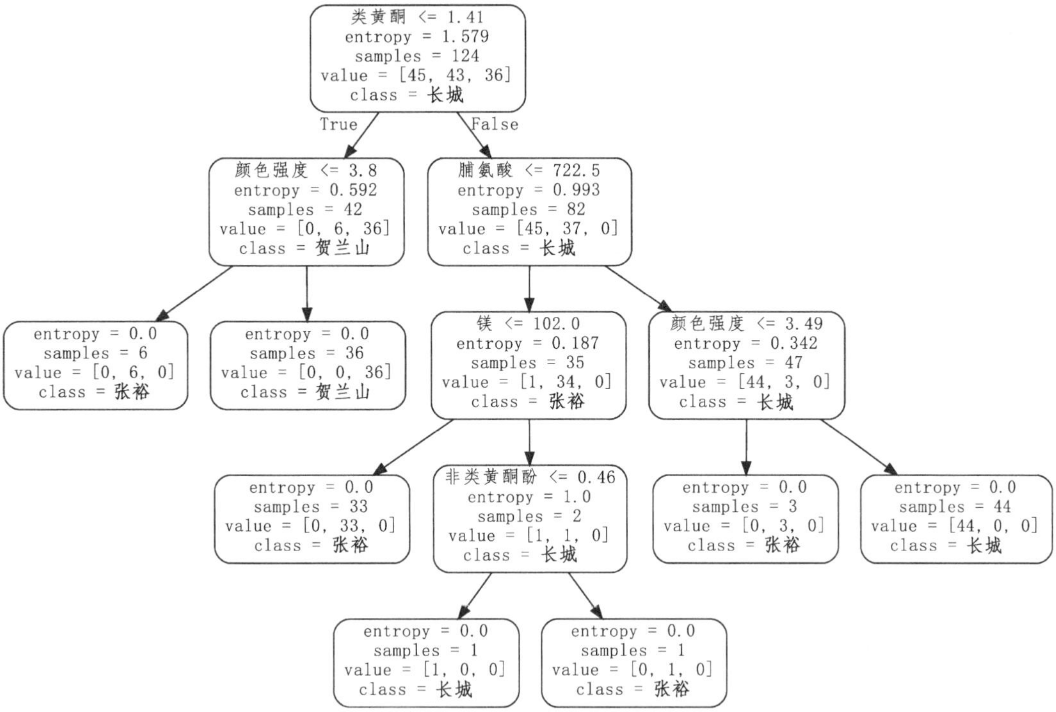

图 4-13 红酒数据集的决策树可视化

（二）撰写决策树分类分析报告

以 3 人为小组单位的方式完成该数据集上其他属性分裂方法的代码实现，撰写报告。报告应该包含决策树的应用场景调研、决策树构建过程中属性分裂的策略、实现的代码、结果的分析等内容。

（三）分享案例

在完成应用报告后，小组合作完成演讲 PPT，以小组汇报的形式讲解本小组的解决方案。

任务评价

（一）自我评价

级别 任务	掌握知识或技能	仍需加强的	完全不理解的
决策树分类技术体验			
开展决策树分类应用调研，实现决策树分类分析，撰写应用报告			
分享应用案例			
在本次的任务实施过程中，你的自评结果是	A. 优秀□　B. 良好□　C. 仍需努力□　D. 搞不清楚□		

（二）标准评价

一、选择题(每题 5 分，共 25 分)

1. 在 sklearn 的决策树建模方法中，决策树模型位于哪个包中？（　　）

A. linear_model　　B. tree　　C. naive_bayes　　D. model_selection

2. 决策树中熵的概念是什么？（　　）

A. 衡量树的规模　　B. 比较数据分布情况

C. 比较不同特征的分类效果　　D. 比较数据量大小

3. 在 ID3 算法中，信息增益是指：（　　）

A. 信息的溢出程度　　B. 信息的增加效益

C. 熵增加的程度最大　　D. 熵减少的程度最大

4. 以下哪个不是决策树算法？（　　）

A. ID3　　B. C4.5　　C. NavieBayes　　D. CART

5. 以下哪个算法产生的是二叉树？（　　）

A. ID3　　B. C4.5　　C. NavieBayes　　D. CART

二、填空题（每题 5 分，共 10 分）

1. sklearn 中 DecisionTreeClassifier 的参数 criterion 值有__________和__________。

2. sklearn 中的 DecisionTreeClassifier 模型进行训练和测试的方法分别为__________和__________。

三、简答题（55 分）

1. 请简述决策树的建树过程。

2. 请简述决策树生长过程中属性分裂的标准。

任务拓展

任务描述：

进行决策树建模的数据可能会存在缺失值，如果遇到这样的问题，该如何处理？请查询相关资料，进行总结。

任务要求：

以 3 人为小组单位的方式开展任务的调研，撰写报告。报告应该包含缺失会带来哪些问题，采用决策树分类分析技术时该如何处理缺失问题，实现的方法等内容，报告作为作业提交。

任务五 随 机 森 林

建议学时:4～6 学时。

任务描述

通过本任务的学习,理解集成分析的适用场景,集成学习的基本概念,集成学习中随机森林相比于决策树分类的优势在哪里;掌握随机森林分类的建模方法;能够应用随机森林模型进行预测。

任务目的

(一) 认识随机森林分类模型,了解集成学习方法的应用场景;
(二) 理解并掌握集成学习的基本概念;
(三) 掌握随机森林的建模过程。

任务要求

(一) 以小组的形式完成任务;
(二) 完成随机森林建模代码实现;
(三) 完成随机森林分类预测实践报告。

基础知识

1. 随机森林概念

集成学习(Ensemble learning)是机器学习中的热门领域,是用多种学习方法的组合来获取比原方法更优的结果。集成学习就是组合多个分类器的一种学习方法,其基本思想是,在原始数据集上构建多个分类器,然后在分类未知样本时,聚集它们的预测结果,如图 5-1 所示。

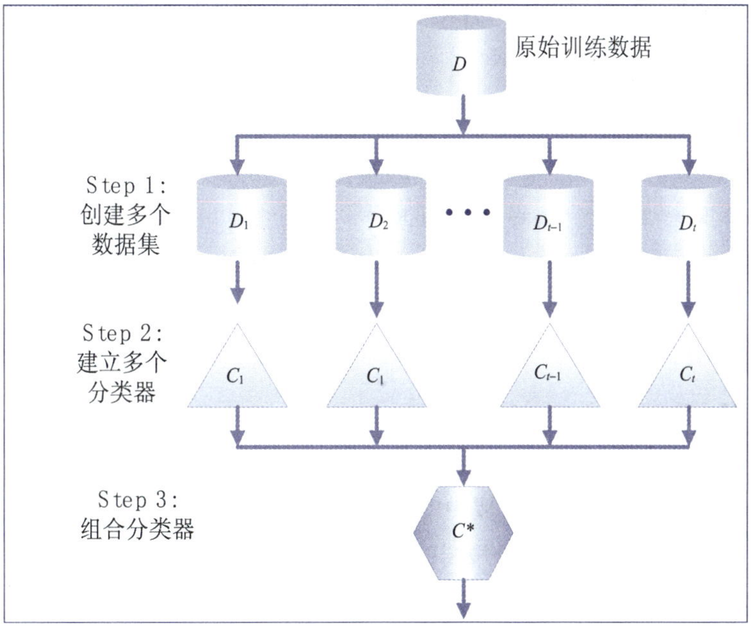

图 5-1 组合多个分类器的逻辑视图

随机森林方法是集成学习的一种,顾名思义,它是以决策树为个体学习器的一种方法,并且其输出的类别是由个别树输出的类别的众数而定。该分类器最早由里奥 · 布雷曼(Leo Breiman)和阿黛尔 · 卡特勒(Adele Cutler)提出。

如果决策树相当于一个大师,通过自己在数据集中学到的知识对于新的数据进行分类。那么,俗话说得好,“三个臭皮匠,顶个诸葛亮”。随机森林就是构建多个“臭皮匠”,使最终的分类效果能够超过单个大师的一种算法。

2. 随机森林的构建

随机森林的构建有两个方面:数据的随机性选取;待选特征的随机选取。

(1) 数据的随机选取

首先,从原始的数据集中采取有放回的抽样,构造子数据集,子数据集的数据量与原始数据集相同。不同子数据集的元素可以重复,同一个子数据集中的元素也可以重复。然后,利用子数据集构建子决策树，将这个数据放到每个子决策树中，每个子决策树输出一个结果。最后，如果有了新的数据需要通过随机森林得到分类结果可以对子决策树的判断结果投票，得到随机森林的输出结果。

（2）待选特征的随机选取

与数据集的随机选取类似，随机森林中的子树的每一个分裂过程并未用到所有的待选特征，而是从所有的待选特征中随机选取一定的特征，再在随机选取的特征中选取最优的特征。这样可使随机森林中的决策树彼此不同，提升系统的多样性，从而提升分类性能。

3. sklearn 中的随机森林模型

sklearn.ensemble 模块包含了两种基于随机决策树的平均算法：RandomForest 算法和 Extra-Trees 算法。随机森林是指 RandomForest 算法，其函数原型为：

```
class sklearn.ensemble.RandomForestClassifier(n_estimators='100',
criterion='gini', max_depth=None, min_samples_split=2,
min_samples_leaf=1, min_weight_fraction_leaf=0.0,max_features='auto',
max_leaf_nodes=None, min_impurity_decrease=0.0,min_impurity_split=None,
bootstrap=True, oob_score=False, n_jobs=None, random_state=None,
verbose=0, warm_start=False, class_weight=None)
```

【参数说明】

（1）n_estimators=100：设定采用多少棵决策树来构造随机森林，默认值为 100 棵。

（2）criterion='gini'：决策树生成中的划分标准，默认值为基尼系数。

（3）max_depth=None：生成决策树时的最大深度，越深的决策树就越可能出现过拟合情况；默认值为 None，表示当所有叶节点中的样本都为同一个类别或者数量小于 min_samples_split 时停止继续划分。

（4）min_samples_split=2：划分节点时的最少样本数，默认值为 2，表示当某个节点中的样本数小于等于 2 时不再继续划分，直接作为叶节点；如果 min_samples_split 设定为浮点型，则将取值为 min_samples_split * n_samples。

（5）min_samples_leaf=1：构成叶节点的最少样本数，默认值为 1；如果为浮点型，同（4）。

（6）bootstrap=True：是否仅使用原始训练样本中的部分抽样数据来拟合决策树，默认值为 True，否在使用整个训练集来拟合每一棵决策树。

（7）n_jobs=None：并行训练决策树时指定的 CPU 线程数，默认值为 None，表示 1；设为－1时表示使用所有线程。

（8）random_state=None：设置一个状态值，这样可以使得每次生成的随机森林都是一样的；默认值为 None，可为任意整数。

（9）max_samples=None：拟合决策树时随机抽样的最大样本数量（当 bootstrap=True

时)，默认值为 None，等价于 bootstrap=False。

任务实施

(一) 随机森林分析实施

在 jupyter 中创建 Python3 文件，命名为“5.随机森林分类.ipynb”，如图 5-2 所示。

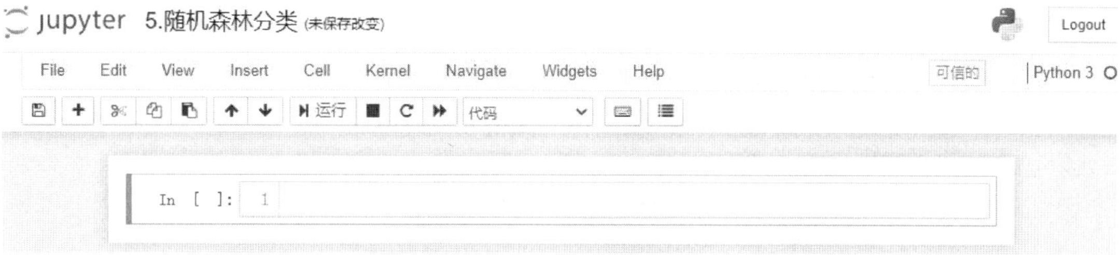

图 5-2　创建文件

1. 一个简单的例子

随机森林是一种类别估计，通过数据集上的部分样本形成分类决策树，并使用投票提高预测准确率。

如图 5-3 所示，这个简单的例子实现了随机森林分类分析建模及预测的一个流程。首先准备一个简单的训练数据，然后导入 sklearn 中的随机森林模块，完成建模训练，最后在一个测试数据上完成预测，得到预测结果为类别 1。从该模型的 predict_proba 方法返回的结果中，可看见该测试样本属于每个类别的概率，概率最大的是 0.64，是第 1 个类别。

```
# 训练数据
data=[[0,0,0],[1,1,1],[2,2,2]]
target=[0,1,2]

#构建随机森林模型
from sklearn.ensemble import RandomForestClassifier
rfc=RandomForestClassifier(n_estimators=25)
rfc.fit(data,target)    #训练数据

#测试
print(rfc.predict([[1,1,1]]))      #预测数据
rfc.predict_proba([[1,1,1]])      # 测试样本对应的被分到每一类标签的概率
```

```
[1]

array([[0.28, 0.64, 0.08]])
```

图 5-3　一个简单的随机森林例子

2. 乳腺癌数据集上的随机森林分类分析

本任务中采用乳腺癌数据集，该数据集中包含了 569 个病人的乳腺癌恶性/良性(1/0)类别型数据，以及与之对应的 30 个维度的生理指标数据，适用于二分类问题。下面对该数

据集实施随机森林分类分析。

(1) 加载数据,查看数据

本任务所采用的鸢尾花数据集是 sklearn 自带的数据集中的 breast_cancer,位于 sklearn 的 datasets 中,可采用 load_breast_cancer ()的方式完成加载,如图 5-4 所示。

```
from sklearn.datasets import load_breast_cancer #数据集

breast = load_breast_cancer()
print(breast) # 数据集显示
```

```
'data': array([[1.799e+01, 1.038e+01, 1.228e+02, ..., 2.654e-01, 4.601e-01,
        1.189e-01],
       [2.057e+01, 1.777e+01, 1.329e+02, ..., 1.860e-01, 2.750e-01,
        8.902e-02],
       [1.969e+01, 2.125e+01, 1.300e+02, ..., 2.430e-01, 3.613e-01,
        8.758e-02],
       ...,
       [1.660e+01, 2.808e+01, 1.083e+02, ..., 1.418e-01, 2.218e-01,
        7.820e-02],
       [2.060e+01, 2.933e+01, 1.401e+02, ..., 2.650e-01, 4.087e-01,
        1.240e-01],
       [7.760e+00, 2.454e+01, 4.792e+01, ..., 0.000e+00, 2.871e-01,
        7.039e-02]]), 'target': array([0, 0, 0, 0, 0, 0, 0, 0, 0, 0, 0, 0, 0, 0, 0, 0,
0, 0, 0, 1, 1, 1,
       0, 0, 0, 0, 0, 0, 0, 0, 0, 0, 0, 0, 0, 0, 0, 1, 0, 0, 0, 0, 0, 0,
       0, 0, 1, 0, 1, 1, 1, 1, 1, 0, 0, 1, 0, 0, 1, 1, 1, 1, 0, 1, 0, 0,
       1, 1, 1, 1, 0, 1, 0, 0, 1, 0, 1, 0, 0, 1, 1, 1, 0, 0, 1, 0, 0, 0,
       1, 1, 1, 0, 1, 1, 0, 0, 1, 1, 1, 0, 0, 1, 1, 1, 1, 0, 1, 1, 0, 1,
```

图 5-4 加载数据

通过 .feature_names 和 .target_names 可以获得数据集的特征名称和类别名称,如图 5-5 所示。

```
print(breast.feature_names) # 属性名称
print(breast.target_names)  # 标签名称
```

```
['mean radius' 'mean texture' 'mean perimeter' 'mean area'
 'mean smoothness' 'mean compactness' 'mean concavity'
 'mean concave points' 'mean symmetry' 'mean fractal dimension'
 'radius error' 'texture error' 'perimeter error' 'area error'
 'smoothness error' 'compactness error' 'concavity error'
 'concave points error' 'symmetry error' 'fractal dimension error'
 'worst radius' 'worst texture' 'worst perimeter' 'worst area'
 'worst smoothness' 'worst compactness' 'worst concavity'
 'worst concave points' 'worst symmetry' 'worst fractal dimension']
['malignant' 'benign']
```

图 5-5 特征名称

(2) 数据提取

通过.data 和.target 可以分别获得分析所用的特征和目标,然后通过 pandas 的 DataFrame 将特征和目标合并,如图 5-6 所示。

数据集中每种花中含有的 31 个特征。数据里含有 569 个样本分别属于 2 个类别,可通过 shape 进行查看。通过 info 可获取每个特征的详细信息,如图 5-7 所示。

```
#获取自变量和因变量
import pandas as pd

data= pd.DataFrame(breast.data,columns=breast.feature_names)
data['diagnosis']=breast.target  #追加因变量

data.head()  #显示数据前5行
```

	mean radius	mean texture	mean perimeter	mean area	mean smoothness	mean compactness	mean concavity	mean concave points	mean symmetry	c
0	17.99	10.38	122.80	1001.0	0.11840	0.27760	0.3001	0.14710	0.2419	
1	20.57	17.77	132.90	1326.0	0.08474	0.07864	0.0869	0.07017	0.1812	
2	19.69	21.25	130.00	1203.0	0.10960	0.15990	0.1974	0.12790	0.2069	
3	11.42	20.38	77.58	386.1	0.14250	0.28390	0.2414	0.10520	0.2597	
4	20.29	14.34	135.10	1297.0	0.10030	0.13280	0.1980	0.10430	0.1809	

图 5-6　数据选取

```
print(data.shape)   # 获取维度信息
data.info()         # 获取详细信息
```

```
(569, 31)
<class 'pandas.core.frame.DataFrame'>
RangeIndex: 569 entries, 0 to 568
Data columns (total 31 columns):
 #   Column                   Non-Null Count  Dtype
---  ------                   --------------  -----
 0   mean radius              569 non-null    float64
 1   mean texture             569 non-null    float64
 2   mean perimeter           569 non-null    float64
 3   mean area                569 non-null    float64
 4   mean smoothness          569 non-null    float64
 5   mean compactness         569 non-null    float64
 6   mean concavity           569 non-null    float64
 7   mean concave points      569 non-null    float64
 8   mean symmetry            569 non-null    float64
 9   mean fractal dimension   569 non-null    float64
 10  radius error             569 non-null    float64
 11  texture error            569 non-null    float64
 12  perimeter error          569 non-null    float64
 13  area error               569 non-null    float64
 14  smoothness error         569 non-null    float64
 15  compactness error        569 non-null    float64
 16  concavity error          569 non-null    float64
 17  concave points error     569 non-null    float64
 18  symmetry error           569 non-null    float64
 19  fractal dimension error  569 non-null    float64
 20  worst radius             569 non-null    float64
 21  worst texture            569 non-null    float64
 22  worst perimeter          569 non-null    float64
 23  worst area               569 non-null    float64
 24  worst smoothness         569 non-null    float64
 25  worst compactness        569 non-null    float64
 26  worst concavity          569 non-null    float64
 27  worst concave points     569 non-null    float64
 28  worst symmetry           569 non-null    float64
 29  worst fractal dimension  569 non-null    float64
 30  diagnosis                569 non-null    int32
dtypes: float64(30), int32(1)
memory usage: 135.7 KB
```

图 5-7　数据集的详细信息

(3) 数据变换

为了确保连续性特征在分析过程中不受到量纲的影响，在进行建模之前，需要进行数据标准化处理，调用 sklearn 的 preprocessing 模块可以完成这项任务，如图 5-8 所示。

```
# 数据标准化
from sklearn import preprocessing
data_scaled = pd.DataFrame(preprocessing.scale(breast.data),
                           columns=breast.feature_names)
# 展示处理后的数据
data_scaled.head()
```

	mean radius	mean texture	mean perimeter	mean area	mean smoothness	mean compactness	mean concavity	mean concave points	sym
0	1.097064	-2.073335	1.269934	0.984375	1.568466	3.283515	2.652874	2.532475	2.2
1	1.829821	-0.353632	1.685955	1.908708	-0.826962	-0.487072	-0.023846	0.548144	0.0
2	1.579888	0.456187	1.566503	1.558884	0.942210	1.052926	1.363478	2.037231	0.9
3	-0.768909	0.253732	-0.592687	-0.764464	3.283553	3.402909	1.915897	1.451707	2.8
4	1.750297	-1.151816	1.776573	1.826229	0.280372	0.539340	1.371011	1.428493	-0.0

图 5-8　数据标准化处理

(4) 拆分测试集、训练集

提取待分析数据后，通过 train_test_split，实现数据拆分，设置测试数据集占原数据集的 20%，如图 5-9 所示。

```
# features and lanbels
X = data_scaled
Y = breast.target
```

```
from sklearn.model_selection import train_test_split
X_train, X_test, y_train, y_test = train_test_split(X, Y,
                                                    test_size = 0.2,
                                                    random_state=90)
```

图 5-9　数据集拆分

(5) 构建随机森林

导入 sklearn 中随机森林所属的集成学习模块 ensemble，通过随机森林方法 RandomForestClassifier 创建初始化模型，可指定森林中包含的决策树数量，以及每棵决策树采用的分裂标准、使用特征的最大数量和最大深度等，如图 5-10 所示，然后在拆分得到的训练集上训练模型。

```
from sklearn.ensemble import RandomForestClassifier
#在训练集上构建模型
model = RandomForestClassifier(random_state=90,      #保证随机性
                               max_depth=9,          #生成决策树时的最大深度
                               n_estimators=66,      #设定采构造随机森林的树数量
                               max_features=29,      #允许单个决策树使用特征的最大数量
                               criterion="gini")     #树的分裂标准
model.fit(X_train, y_train)    # 训练
```

```
RandomForestClassifier(bootstrap=True, ccp_alpha=0.0, class_weight=None,
                       criterion='gini', max_depth=9, max_features=29,
                       max_leaf_nodes=None, max_samples=None,
                       min_impurity_decrease=0.0, min_impurity_split=None,
                       min_samples_leaf=1, min_samples_split=2,
                       min_weight_fraction_leaf=0.0, n_estimators=66,
                       n_jobs=None, oob_score=False, random_state=90, verbose=0,
                       warm_start=False)
```

图 5-10　构建随机森林模型

(6) 预测及评估

模型的测试在拆分得到的测试集上实现，其中部分测试样例如图 5-11 所示，该样例的真实值可通过 print(y_test[:5])获取为[1 1 0 0 1]。

```
#测试集样例展示
X_test.head()
```

	mean radius	mean texture	mean perimeter	mean area	mean smoothness	mean compactness	mean concavity	mean concave points
340	0.083133	-0.639862	0.089834	-0.038933	0.081820	0.181157	-0.109596	-0.172540
382	-0.589980	0.798266	-0.544495	-0.588983	-1.922199	0.056078	-0.117631	-0.493675
300	1.534446	-0.090674	1.545908	1.598701	1.326504	1.134417	1.643454	1.477501
262	0.898254	0.660969	0.923936	0.833069	-0.453344	0.435107	0.102583	0.674535
363	0.673883	-0.232625	0.602652	0.521071	0.035563	-0.372605	-0.378900	-0.014681

图 5-11　预测样例（前 5）

通过模型的 predict 方法获得测试上的预测结果，如图 5-12 所示。

```
# 预测
y_pred = model.predict(X_test)
predictions = [round(value) for value in y_pred] # float -> integer

#预测结果展示
print(predictions)
```

```
[1, 1, 0, 0, 0, 1, 1, 1, 0, 1, 0, 1, 1, 1, 1, 1, 1, 1, 1, 1, 1, 1, 0, 1, 1, 0, 1, 1, 1,
1, 1, 1, 1, 1, 1, 0, 1, 0, 0, 0, 0, 1, 0, 1, 1, 1, 1, 0, 1, 0, 0, 1, 1, 1, 1, 1, 0, 1,
1, 0, 1, 1, 1, 1, 1, 1, 1, 1, 0, 0, 1, 1, 1, 0, 1, 0, 0, 1, 1, 1, 1, 0, 0, 1, 1, 1, 1,
1, 0, 1, 1, 0, 1, 0, 0, 1, 0, 1, 1, 1, 1, 0, 0, 1, 1, 1, 1, 1, 1, 0, 1, 0, 0, 1]
```

图 5-12　测试集上的预测结果

将模型预测结果与真实值进行比较，利用 sklearn.metrics 模块中的 accuracy_score 得到该模型的正确率评分为 94.7%，如图 5-13 所示。

```
from sklearn.metrics import accuracy_score

#评估
accuracy = accuracy_score(y_test, predictions)
print("Accuracy: %.2f%%" % (accuracy * 100.0))
```

```
Accuracy: 94.74%
```

图 5-13　测试集上的评估

（7）可视化

如果已经安装 graphviz 插件，在完成环境变量部署后，就可以在 Python 中使用 graphviz 将决策树模型可视化输出。通过如图 5-14 所示代码可以生成一个可视化的决策树模型，核心部分为通过 export_graphviz()方法将之前搭建的决策树模型 model 转换为字符串格式，并赋值给 dot_data，其中需要注意设定 out_file 参数为 None，这样获得的才是字符串格式。

```
from sklearn.tree import export_graphviz
import pydotplus
from IPython.display import Image

Estimators = model.estimators_[0:5]                                          #可视化前5个决策树
for index, submodel in enumerate(Estimators):
    filename = 'breast_subtree_' + str(index) + '.pdf'                        # 设置文件名称
    dot_data = export_graphviz(submodel ,                                     # 模型
                               out_file=None,                                 # 结果以字符串形式返回
                               feature_names=data.columns[:30],
                               class_names=['benign', 'malignant'], # 设置类别名称
                               filled=True,                                   # 填充颜色
                               rounded=True,                                  # 矩形框为圆角
                               special_characters=False)                      # 忽略特殊字符以实现兼容性
    graph = pydotplus.graph_from_dot_data(dot_data)                           # 将dot_data转换成可视化的格式
    # 使用ipython的终端jupyter notebook显示。
    Image(graph.create_png())
    graph.write_pdf(filename)  #保存为pdf文件
```

图 5-14　随机森林可视化

在本地形成 5 个 pdf 文件，每个文件中保存森林中的一棵决策树，如图 5-15 所示。

breast_subtree_0.pdf
breast_subtree_1.pdf
breast_subtree_2.pdf
breast_subtree_3.pdf
breast_subtree_4.pdf

图 5-15　随机森林可视化结果

（二）撰写随机森林分类分析报告

以 3 人为小组的方式完成该数据集上随机森林的代码实现，撰写报告。报告应该包含随机森林的应用场景调研，随机森林的构建过程，实现的代码、结果的分析等内容。

（三）分享案例

在完成应用报告后，小组合作完成演讲 PPT，以小组汇报的形式讲解本小组的解决方案。

任务评价

（一）自我评价

级别 任务	掌握知识或技能	仍需加强的	完全不理解的
随机森林分类技术体验			
开展随机森林分类应用调研，实现随机森林分类分析，撰写应用报告			
分享应用案例			
在本次的任务实施过程中，你的自评结果是	A. 优秀□　B. 良好□　C. 仍需努力□　D. 搞不清楚□		

（二）标准评价

一、选择题（每题 5 分，共 15 分）

1. 在 sklearn 的随机森林建模方法中，集成学习模型位于哪个包中？（　　）

A. linear_model　　B. tree

C. ensemble　　D. model_selection

2. 随机森林中的随机是什么意思？（　　）

A. 随便构建树模型

B. 随机选择多个树模型

C. 随机选择一个树模型

D. 在构建每个树模型的随机选择样本和特征

3. 集成学习中，每个个体学习器之间的关系是？（　　）

A. 相加关系　　B. 相关关系

C. 相互独立　　D. 后面的模型必须建立在前面的模型之上

二、填空题（每题 5 分，共 10 分）

1. sklearn 中 RandomForestClassifier 的参数 n_estimators 的意思是__________，max_depth的意思是__________。

三、判断题（每题 5 分，共 15 分）

1. 集成学习一定比单一学习器效果好。（　　）

2. 随机森林模型 RandomForestClassifier 位于 sklearn.ensemble 中。（　　）

3. 随机森林是典型的基于 Bagging 框架的模型，其在 Bagging 的基础上，进一步降低了模型的方差。（　　）

四、简答题（60 分）

1. 请简述集成学习的基本原理。

2. 请简述随机森林如何保证分类器的性能。

任务拓展

任务描述：

随机森林的推广 Isolation Forest 是一种异常点检测的方法，它也使用了类似于 RF 的方法来检测异常点。请查询相关资料，给出其如何实现异常点检测的报告。

任务要求：

以 3 人为小组单位的方式开展任务的调研，撰写报告。报告应该包含 Isolation Forest 技术、检测异常点的应用等内容，报告作为作业提交。

任务六
支持向量机

建议学时：4～6 学时。

任务描述

通过本任务的学习，理解支持向量机的适用场景，支持向量机的基本概念；理解 SVM 的原理，掌握 SVM 的建模方法；能够应用 SVM 模型进行预测。

任务目的

（一）认识支持向量机模型，了解 SVM 的应用场景；
（二）理解并掌握 SVM 的基本概念；
（三）掌握 SVM 的建模过程。

任务要求

（一）以小组的形式完成任务；
（二）完成 SVM 分类建模代码实现；
（三）完成 SVM 分类预测实践报告。

基础知识

在机器学习中，有监督学习是一种目的明确的训练方式，你知道得到的是什么，而无监督学习则是没有明确目的的训练方式，你无法提前知道结果是什么。另外，有监督学习需要给数据打标签，而无监督学习不需要事先给数据打标签。常见的有监督学习方法包括回归、分类，无监督学习通常是聚类分析。

1. 支持向量机的应用背景及来源

支持向量机(Support Vector Machine，SVM)属于有监督学习模型，主要用于解决数据分类问题。通常 SVM 用于二元分类问题，对于多元分类可将其分解为多个二元分类问题，再进行分类。

SVM 被提出于 1964 年，在 20 世纪 90 年代后得到快速发展并衍生出一系列改进和扩展算法，在人像识别、文本分类等模式识别问题中得到应用，主要应用场景有图像分类、文本分类、面部识别和垃圾邮件检测等。

2. 支持向量机模型

在分类问题中，支持向量机模型是将输入数据所在的特征空间作为决策边界的超平面，将学习目标按正类和负类分开，并使任意样本的点到平面距离大于等于 1，如图 6-1 所示。

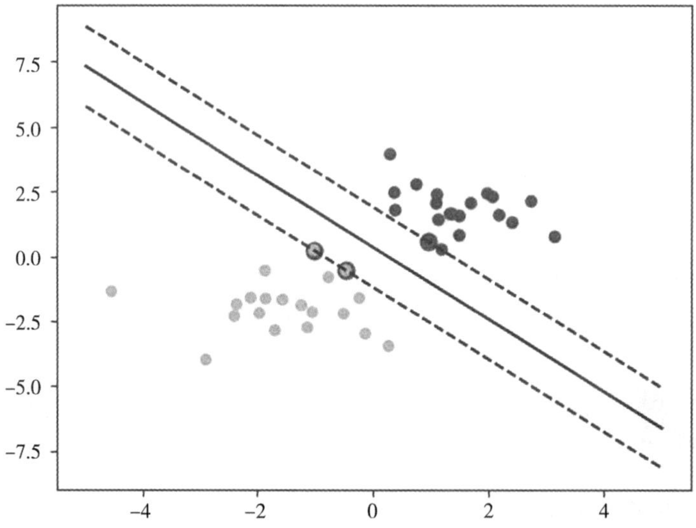

图 6-1 线性可分：决策边界（实线），间隔边界（虚线），支持向量（大圆圈）

类似于逻辑回归，这个模型也是基于线性函数 $y = \boldsymbol{w}^{\mathrm{T}}x + b$ 的。不同于逻辑回归的是，支持向量机不输出概率，只输出类别。当 $\boldsymbol{w}^{\mathrm{T}}x + b$ 为正时，支持向量机预测属于正类。类似地，当 $\boldsymbol{w}^{\mathrm{T}}x + b$ 为负时，支持向量机预测属于负类。

支持向量机的一个重要创新是核技巧。核技巧十分强大，充分利用核技巧可以帮助我们在很多时候解决线性不可分问题。图 6-2 就是一个线性不可分的示意图。

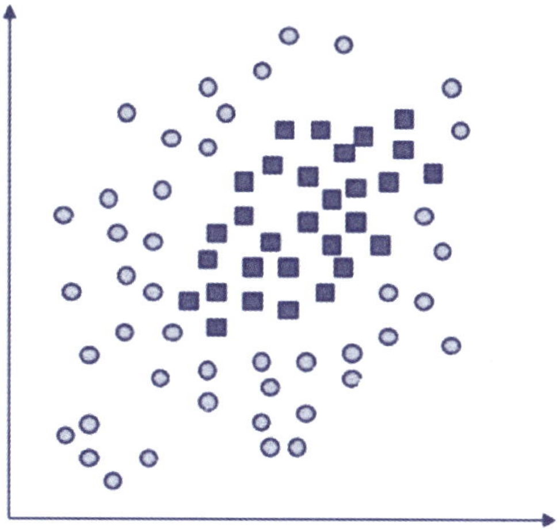

图 6-2　线性不可分

引入核函数后，图 6-2 的线性不可分就可转换为图 6-3 的线性可分问题了。

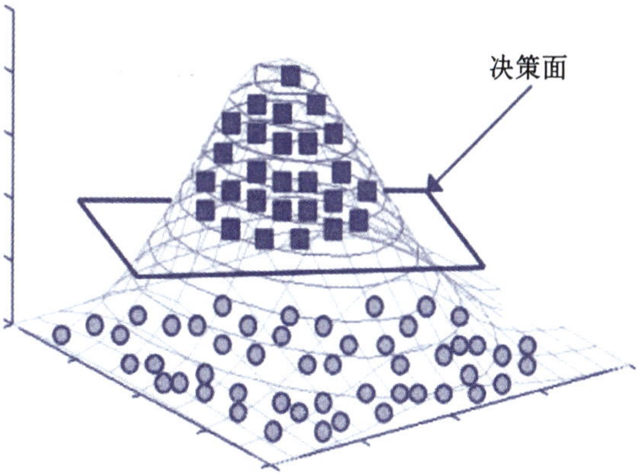

图 6-3　线性可分

3. sklearn 中的 SVM

sklearn 中支持向量分类主要有三种方法：SVC、NuSVC、LinearSVC，扩展为三个支持向量回归方法：SVR、NuSVR、LinearSVR。

SVM 模型就是 sklearn 中的 SVC，其函数原型为：

```
class sklearn.svm.SVC(C=1.0, kernel='rbf', degree=3, gamma='auto',
                      coef0=0.0, shrinking=True, probability=False,
                      tol=0.001, cache_size=200, class_weight=None,
                      verbose=False, max_iter=-1,
                      decision_function_shape='ovr', random_state=None)
```

【参数说明】

(1) C：惩罚系数，用来控制损失函数的惩罚系数。C越大，相当于对误分类的惩罚增大，趋向于对训练集全分对的情况，这样会出现训练集测试时准确率很高，但泛化能力弱，容易导致过拟合。C值小，对误分类的惩罚减小，容错能力增强，泛化能力较强，但也可能欠拟合。

(2) kernel：算法中采用的核函数类型，核函数是用来将非线性问题转化为线性问题的一种方法。参数选择有径向基核函数(RBF)、线性核函数(Linear)、多项式核函数(Poly)、Sigmoid核函数、预计算核函数(Precomputed)或者自定义一个核函数，前4种为常用的核函数。

① RBF核：kernel中核函数默认为径向基函数，其中最常见的就是高斯核函数，高斯核函数就是在属性空间中找到一些点，这些点可以是也可以不是样本点，把这些点当作base，以这些base为圆心向外扩展，扩展半径即为带宽，即可划分数据。换句话说，在属性空间中找到一些超圆，用这些超圆来判定正反类。

② Linear核和Poly核：这两种核的作用也是首先在属性空间中找到一些点，把这些点当作base，核函数的作用就是找与该点距离和角度满足某种关系的样本点。当样本点与该点的夹角近乎垂直时，两个样本的欧式长度必须非常长才能保证满足线性核函数大于0；而当样本点与base点的方向相同时，长度就不必很长；而当方向相反时，核函数值就是负的，被判为反类。即，它在空间上划分出一个梭形，按照梭形来进行正反类划分。

③ Sigmoid核：同样定义一些base，核函数就是将线性核函数经过一个tanh函数进行处理，把值域限制在了－1～1上。

(3) degree：当指定kernel为'poly'时，表示选择的多项式的最高次数，默认为三次多项式；若指定kernel不是'poly'，则忽略，即该参数只对'poly'有用。多项式核函数是将低维的输入空间映射到高维的特征空间。

(4) gamma：核函数系数，该参数是RBF，Poly和Sigmoid的内核系数，默认是'auto'。可使用特征位数σ的倒数，即1/n_features(即核函数的带宽，超圆的半径)进行设置。gamma越大，σ越小，使得高斯分布又高又瘦，造成模型只能作用于支持向量附近，可能导致过拟合；反之，gamma越小，σ越大，高斯分布会过于平滑，在训练集上分类效果不佳，可能导致欠拟合。

SVC包含的属性有以下6点。

(1) support_：以数组的形式返回支持向量的索引，即在所有的训练样本中，哪些样本成为支持向量。

(2) support_vectors_：返回支持向量，汇总了当前模型所有的支持向量。

(3) n_support_：比如SVC将数据集分成了4类，该属性表示了每一类的支持向量的个数。

(4) dual_coef_：对偶系数，即支持向量在决策函数中的系数。在多分类问题中，会有所不同。

(5) coef_：每个特征系数(重要性)。只有核函数是 Linear 的时候可用。

(6) intercept_：决策函数中的常数项(借据值)和 coef_共同构成决策函数的参数值。

SVC 包含的方法有以下 5 种。

(1) decision_function(X)：获取数据集中样本 X 到分离超平面的距离。

(2) fit(X, y)：在数据集(X,y)上拟合 SVM 模型。

(3) get_params([deep])：获取模型的参数。

(4) predict(X)：预测数据值 X 的标签。

(5) score(X,y)：返回给定测试集和对应标签的平均准确率。

任务实施

(一) SVM 分析实施

在 jupyter 中创建 Python3 文件,命名为“6.支持向量机分类.ipynb”,如图 6-4 所示。

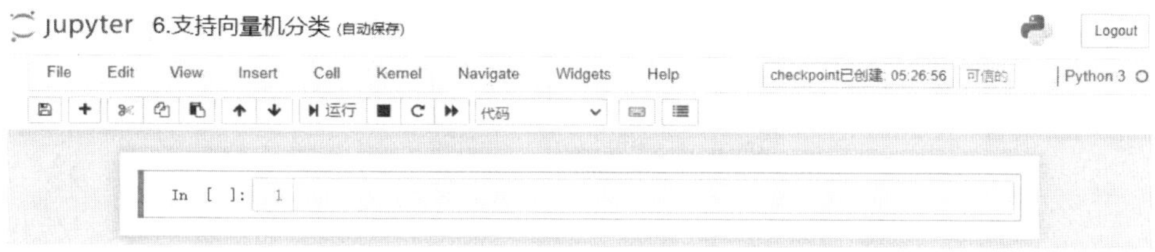

图 6-4 创建文件

本任务以自建数据集为例,首先构建线性 SVM 模型,然后再选择核函数。

1. 线性 SVM 模型

(1) 自建数据集

本任务所采用的自建数据集是一个二维数据集,包含 50 个样本,如图 6-5 所示。make_blobs方法常被用来生成测试数据,直观地说,make_blobs 会根据用户指定的特征数量、中心点数量、范围等生成几类数据,这些数据可用于测试模型的效果。

在图 6-5 代码的基础上,给定三组参数,每组参数中 m 和 b 表示决策边界,d 表示分隔边界,可以把图 6-5 上的两类样本点分隔开,如图 6-6 所示。

线性 SVM 的训练过程,就是要从图 6-6 所示这样的一系列分界中找到最好的那个,即分离两类样本点最远的。

(2) 构建线性 SVM 模型

sklearn 中的 SVC 可用于支持向量分类,定义的线性 SVM 模型通过其参数 kernel='linear'指定,如图 6-7 所示,使用 fit 方法进行训练。

```
from sklearn.datasets import make_blobs
import numpy as np

X, y = make_blobs(n_samples=50,       # 待生成的样本的总数
                  centers=2,          # 类别数
                  random_state=0,     # 随机
                  cluster_std=0.60)   # 每个类别的方差

# 可视化生成的数据
import matplotlib.pyplot as plt
plt.scatter(X[:, 0], X[:, 1], c=y, s=50, cmap='spring')
plt.show()
```

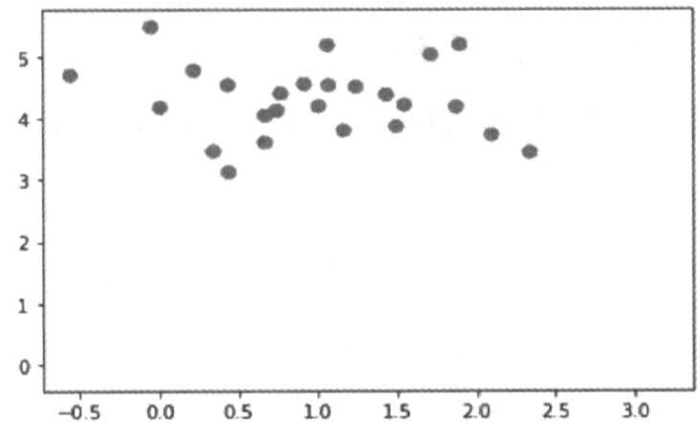

图 6-5　生成数据

```
# 给定3组参数，画出3条不同的直线，它们都可以把图上的2类样本点分隔开
xfit = np.linspace(-1, 3.5)
for m, b, d in [(1, 0.65, 0.33), (0.5, 1.6, 0.55), (-0.2, 2.9, 0.2)]:
    yfit = m * xfit + b
    plt.plot(xfit, yfit, '-k')                  #绘制直线
    plt.fill_between(xfit,                      # 边界的横坐标值
                     yfit - d,                  # 边界的纵坐标值
                     yfit + d,
                     edgecolor='none',          # 无边框
                     color='#AAAAAA',           # 颜色
                     alpha=0.4)                 # 颜色透明度

plt.xlim(-1, 3.5);
plt.show()
```

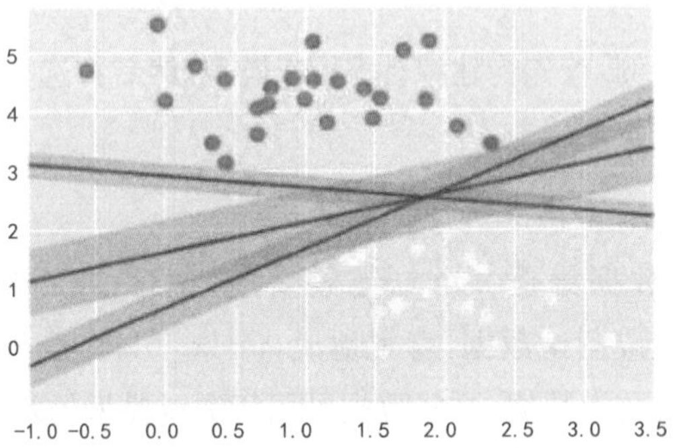

图 6-6　划分样本的分界

```
from sklearn.svm import SVC

clf = SVC(kernel='linear')
clf.fit(X, y)     # 训练模型
```

```
SVC(C=1.0, break_ties=False, cache_size=200, class_weight=None, coef0=0.0,
    decision_function_shape='ovr', degree=3, gamma='scale', kernel='linear',
    max_iter=-1, probability=False, random_state=None, shrinking=True,
    tol=0.001, verbose=False)
```

图 6-7　线性 SVM 模型构建和训练

支持向量机模型 clf 中，decision_function 方法用于计算样本点到分割超平面的函数距离，图 6-8 定义了一个绘制该支持向量机模型决策边界的函数 plot_svc_decision_function。

```
# 画出决策边界
import numpy as np

def plot_svc_decision_function(clf, ax=None):
    """Plot the decision function for a 2D SVC"""
    if ax is None:
        ax = plt.gca()
    x = np.linspace(plt.xlim()[0], plt.xlim()[1], 30)  # 横轴
    y = np.linspace(plt.ylim()[0], plt.ylim()[1], 30)  # 纵轴
    Y, X = np.meshgrid(y, x)                           # 生成网格点坐标矩阵
    P = np.zeros_like(X)  #构造一个矩阵，其维度与X一致，并为其初始化为全0

    # 计算样本点到分割超平面的函数距离
    for i, xi in enumerate(x):
        for j, yj in enumerate(y):
            P[i, j] = clf.decision_function(np.array([xi, yj]).reshape(1,-1))

    # 画边距
    ax.contour(X, Y, P, colors='k',
               levels=[-1, 0, 1], alpha=0.5,
               linestyles=['--', '-', '--'])
```

图 6-8　自定义绘制决策边界

(3) 可视化线性 SVM 最优分割面及支持向量

模型 clf 的 support_vectors_属性表示支持向量，也就是样本点里离超平面最近的点，可调用前面的自定义函数 plot_svc_decision_function，绘制该模型的超平面和支持向量，如图 6-9 所示。该模型的支持向量位于超平面的边缘上，一共有 4 个支持向量。

```
plt.scatter(X[:, 0], X[:, 1], c=y, s=50, cmap='spring')
plot_svc_decision_function(clf)

plt.scatter(clf.support_vectors_[:, 0],    # 绘制支持向量
            clf.support_vectors_[:, 1],
            s=200,
            facecolors='none')
```

```
<matplotlib.collections.PathCollection at 0x1f651ca6d08>
```

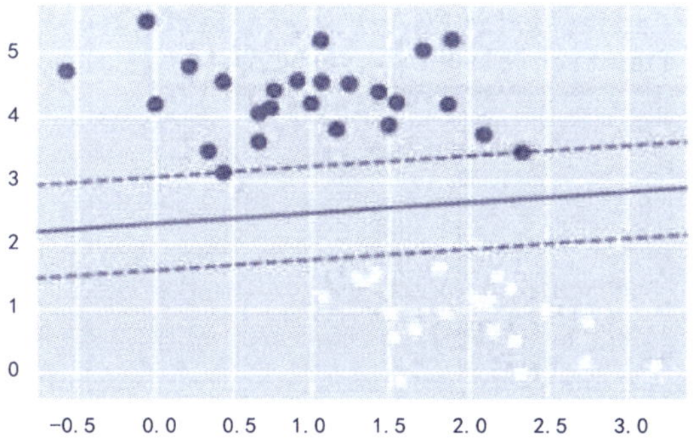

图 6-9　绘制模型的超平面和支持向量

2. 支持向量机与核函数

对于非线性可切分的数据集，要做分割，就要借助于核函数了。例如，图 6-10 所示的数据分布状态，该数据集是一个 2 维环形数据，包含 100 个样本点。

```
from sklearn.datasets.samples_generator import make_circles
X, y = make_circles(100, factor=.1, noise=.1)

plt.scatter(X[:, 0], X[:, 1], c=y, s=50, cmap='spring')
```

```
<matplotlib.collections.PathCollection at 0x1f651da6848>
```

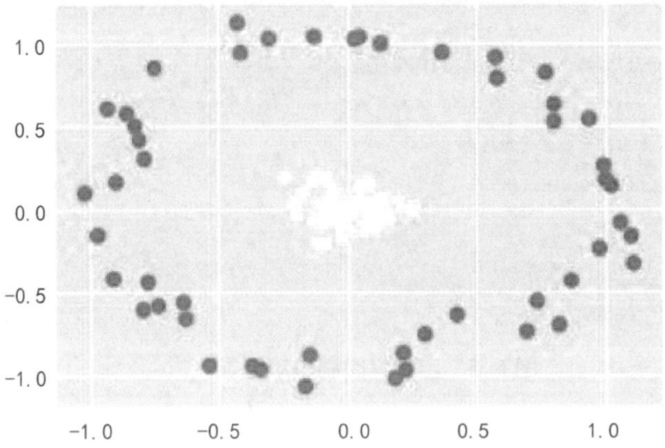

图 6-10　自建环形数据

在该数据集上，如果像前面一样构建线性 SVM 模型，从显示结果上看，该模型不能把这两类样本区分开，如图 6-11 所示，因此线性 SVM 对于这种非线性可切分的数据集，是无能为力的。

```
from sklearn.datasets.samples_generator import make_circles
X, y = make_circles(100, factor=.1, noise=.1) #创建环形数据

plt.scatter(X[:, 0], X[:, 1], c=y, s=50, cmap='spring')

clf = SVC(kernel='linear').fit(X, y) # 线性SVM
plot_svc_decision_function(clf);      # 绘制
```

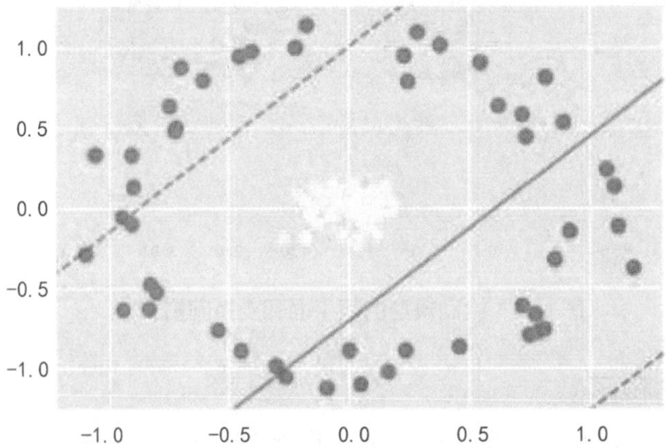

图 6-11　线性 SVM 作用于环形分布数据集

通过高斯核函数，可以把低维空间不可分的数据，映射到高维空间，使得它变得可分，如图 6-12 所示，将原来的在二维空间不可分的环形数据通过高斯核变换到三维空间进行显示，能够看出它在三维空间内是可分的状态。

原本在二维空间无法切分的 2 类点，映射到三维空间以后，可以由一个平面轻松地切开了。

```
r = np.exp(-(X[:, 0] ** 2 + X[:, 1] ** 2))  # 高斯变换

# 绘制3维图形
from mpl_toolkits import mplot3d

def plot_3D(elev=30, azim=30):
    ax = plt.subplot(projection='3d')
    ax.scatter3D(X[:, 0], X[:, 1], r, c=y, s=50, cmap='spring')
    ax.view_init(elev=elev, azim=azim)
    ax.set_xlabel('x')
    ax.set_ylabel('y')
    ax.set_zlabel('r')

plot_3D()
```

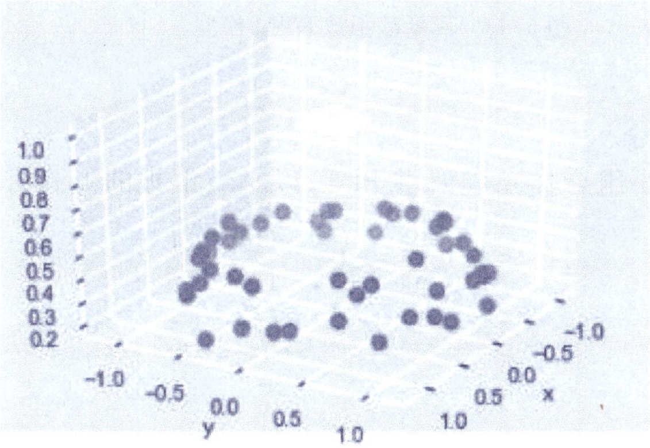

图 6-12　高斯变换后的三维空间展示

在 sklearn 的支持向量机方法里，可以通过设置 kernel='rbf' 实现数据分割，如图 6-13 所示，图中黑色实心线是最佳分割面。

（二）撰写支持向量机分类分析报告

以 3 人为小组单位的方式完成该数据集上其他特征的支持向量机的代码实现，撰写报告。报告应该包含支持向量机的应用场景调研，支持向量机的构建过程，实现的代码，结果的分析等内容。

```
clf = SVC(kernel='rbf')    # 高斯核函数
clf.fit(X, y)              # 训练

# 绘制
plt.scatter(X[:, 0], X[:, 1], c=y, s=50, cmap='spring')
plot_svc_decision_function(clf)
plt.scatter(clf.support_vectors_[:, 0], clf.support_vectors_[:, 1],
            s=200, facecolors='none');
```

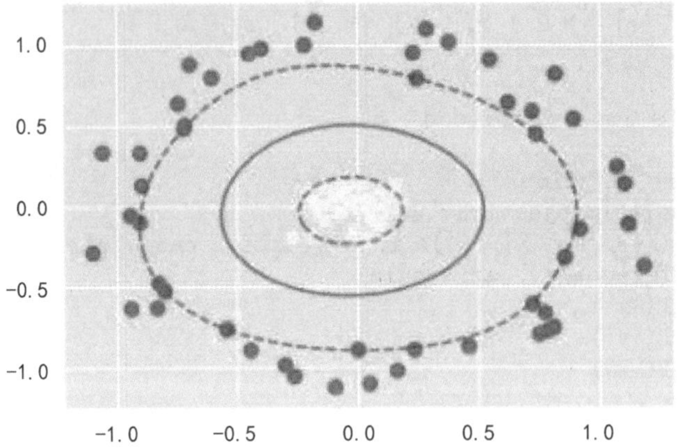

图 6-13　高斯核函数 SVM 模型

（三）分享案例

在完成应用报告后，小组合作完成演讲 PPT，以小组汇报的形式讲解本小组的解决方案。

任务评价

（一）自我评价

级别 / 任务	掌握知识或技能	仍需加强的	完全不理解的
支持向量机分类技术体验			

（续表）

级别 / 任务	掌握知识或技能	仍需加强的	完全不理解的
开展支持向量机分类应用调研，实现支持向量机分类分析，撰写应用报告			
分享应用案例			
在本次的任务实施过程中，你的自评结果是	A. 优秀□　B. 良好□　C. 仍需努力□　D. 搞不清楚□		

（二）标准评价

一、选择题（每题 5 分，共 25 分）

1. 在 sklearn 的支持向量机建模方法中，支持向量机模型位于哪个包中？（　　）

   A. linear_model　　B. tree　　C. ensemble　　D. svm

2. 以下哪种规格的数据集不适用于该算法？（　　）

   A. 大数据集　　B. 小数据集　　C. 中等数据集　　D. 无所谓

3. 下列不是 SVM 核函数的是？（　　）

   A. 多项式核函数　　B. logistic 核函数　C. 径向基核函数　　D. Sigmoid 核函数

4. 如果使用较小的 C（C 趋于 0），则：（　　）

   A. 误分类　　B. 正确分类　　C. 不确定　　D. 以上均不正确

5. 假如我们使用非线性可分的 SVM 目标函数作为最优化对象，我们怎么保证模型线性可分？（　　）

A. 设C=1　　B. 设C=0　　C. 设C=无穷大　　D. 以上均不正确

二、判断题(每题5分,共15分)

1. 对于SVM分类器,待分类样本集中大部分样本不是支持向量,移去或者减少这些样本,对分类结果没有影响。(　　)

2. SVM不能用来做回归。(　　)

3. 核函数是将线性不可分的特征映射到高维特征空间,从而让支持向量机在这个高维空间线性可分,也就是使用核函数可以向高维空间映射并解决非线性的分类问题。(　　)

三、简答题(60分)

1. 请简述支持向量机的基本原理。

2. 请简述支持向量机常用的核函数。

任务拓展

任务描述:

支持向量机(Support Vector Machine ,SVM)是一种监督学习方法,它尝试寻找一个最优决策边界,使距离两个类别最近的样本最远,从而对分类问题提供良好的泛化能力。尽管SVM模型得到了很多成功的应用,但也存在弊端,请查询相关资料,给出SVM的优缺点,并举例说明。

任务要求:

以3人为小组单位的方式开展任务的调研,撰写报告。报告应该包含SVM的应用场景、适用条件、案例背景及SVM的优缺点等内容,报告作为作业提交。

任务七 KNN 分类

建议学时:4～6 学时。

任务描述

通过本任务的学习,理解近邻分类的适用场景,KNN 分类的基本概念;理解 KNN 的原理,与其他分类方法的异同点,掌握 KNN 的建模方法;能够应用 KNN 模型进行预测。

任务目的

(一) 认识 KNN 分类模型,了解 KNN 的应用场景;
(二) 理解并掌握近邻分类的基本概念;
(三) 掌握 KNN 的建模过程。

任务要求

(一) 以小组的形式完成任务;
(二) 完成 KNN 分类建模代码实现;
(三) 完成 KNN 分类预测实践报告。

基础知识

1. 近邻分类的应用背景

K 近邻(K-Nearest Neighbors，KNN)算法是一种分类算法，1968 年由科弗(Cover)和哈特(Hart)提出。KNN 分类算法理论较为成熟，是最简单的机器学习算法之一。应用场景有字符识别、文本分类、图像识别等。

KNN 整体思想比较简单。如图 7-1 所示，计算点 A 与其他所有点之间的距离，取与该点最近的 k 个点，统计这 k 个点里所属分类比例最大的类别，则点 A 属于该分类。

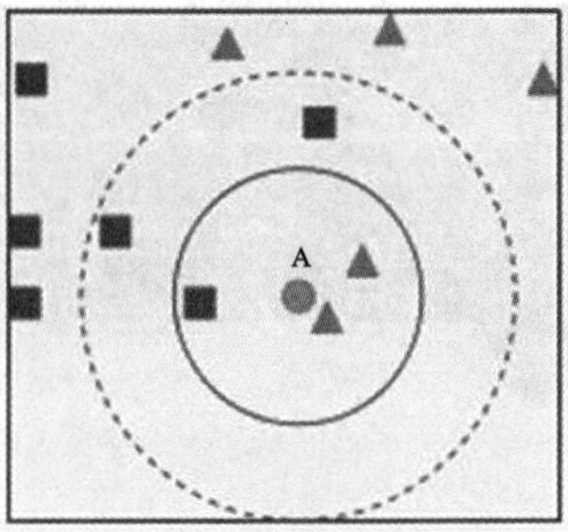

图 7-1　KNN 示意图($k=3$)

2. KNN 算法原理

KNN 的原理是当预测一个新的值 x 的时，根据与其距离最近的 k 个点是什么类别来判断 x 属于哪个类别。

图 7-2 给出了 KNN 的基本描述。图中方块点就是需要预测的那个点，假设 $k=3$。那么 KNN 算法就会找到与它距离最近的 3 个点(即虚线圆圈内的 3 个点)，看看哪种类别多一些，比如这个例子中是三角形多一些，那么新来的预测点就归类到三角形了。

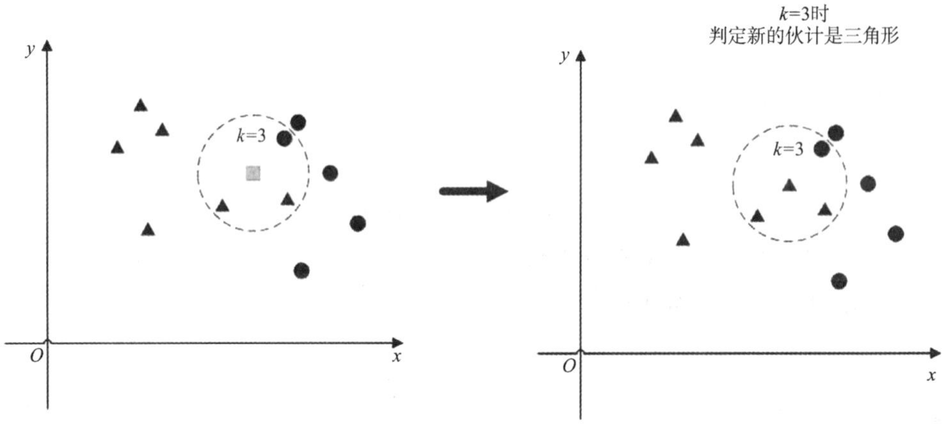

图 7-2　$k=3$ 的 KNN

但是，当 $k=5$ 的时候，判定就不一样了。如图 7-3 所示，这次变成圆形多一些，所以新来的预测点被归类成圆形。从这个例子中，可以看出 k 的取值是很重要的。

影响 KNN 结果的主要有三个因素：k 值的选择、距离的选择、决策策略。

3. sklearn 中的 KNN 分类模型

在 sklearn-learn 库中 KNN 类位于 neighbors.KNeighborsClassifier 模块。在 KNN 类中有一些参数，其中 n_neighbors、weights、algorithm 所代表的意义需要掌握。

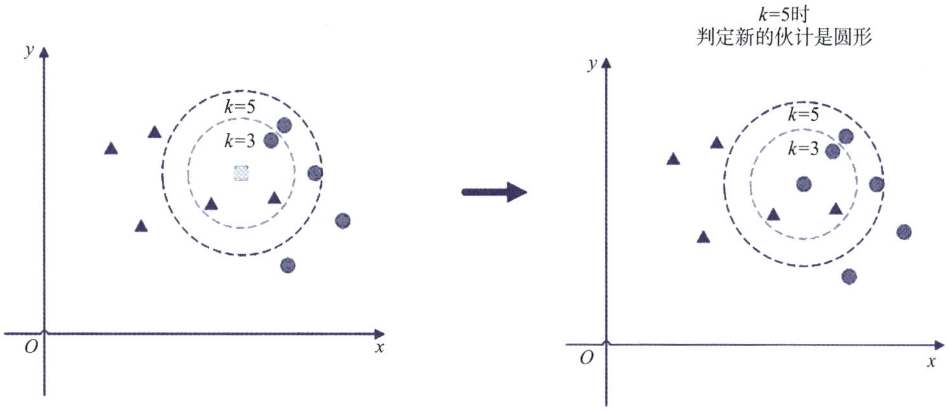

图 7-3　*k* = 5 的 KNN

KNeighborsClassifier 的函数原型为：

```
KNeighborsClassifier( n_neighbors=5, weights='uniform',
                      algorithm='auto', leaf_size=30, p=2,
                      metric='minkowski', metric_params=None,
                      n_jobs=1, * * kwargs )
```

【参数说明】

(1) n_neighbors，即选择 *k* 值。

(2) weights，即权重设置，uniform 和 distance。uniform 表示对每个点赋予同样的权重；distance 表示根据距离远近，赋予不同的权重(距离越远权重越小)。

(3) algorithm，即搜索最近邻算法的选择，有 auto、ball_tree、kd_tree、brute 四种方式，一般情况下选择 auto，它会自动选择最合适的算法。

任务实施

(一) KNN 分类分析实施

在 jupyter 中创建 Python3 文件，命名为“7.KNN 分类.ipynb”，如图 7-4 所示。

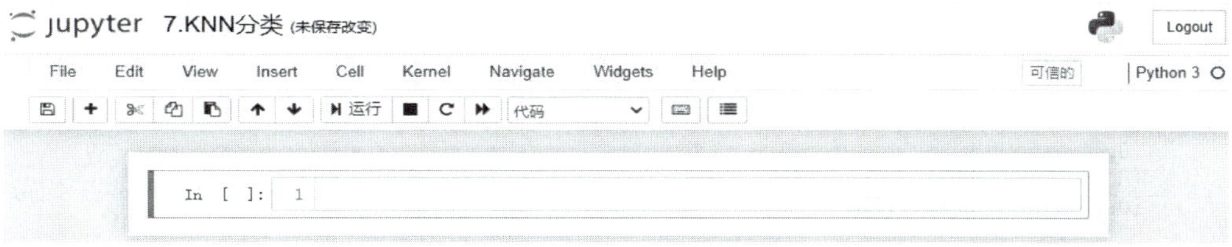

图 7-4　创建文件

1. 一个简单的例子

本任务首先通过自建一个简单的数据集，然后以 sklearn 中的 KNN 方法实现近邻样本的查找。如图 7-5 所示，该数据集 6 个样本，2 维特征。

```
import numpy as np

X = np.array([[-1, -1], [-2, -1], [-3, -2], [1, 1], [2, 1], [3, 2]])

# 可视化生成的数据
import matplotlib.pyplot as plt
plt.scatter(X[:, 0], X[:, 1], s=50, cmap='spring')
plt.show()
```

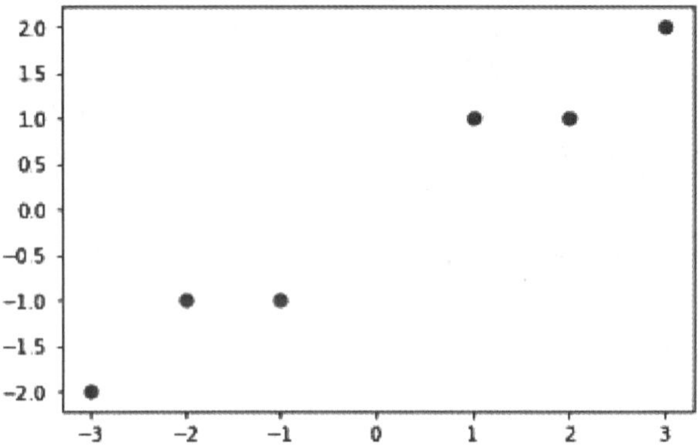

图 7-5　自定义一个简单的数据集

在 sklearn 实现 KNN 算法时，可通过 n_neighbors 参数指定近邻 k 值，如图 7-6 所示，在样本 X 上训练完 KNN 模型后，模型的 kneighbors() 默认返回两个参数，其中 k 个最近邻中还包含了样本点本身，距离和下标均按照升序排列。

```
# 导入KNN模块
from sklearn.neighbors import NearestNeighbors

# 构建KNN模型并训练，设置k值为2
nbrs = NearestNeighbors(n_neighbors=2).fit(X)

# 通过KNN模型获取数据集中每个数据的近邻
distances, indices = nbrs.kneighbors(X)

print(indices)  # k个最近点的下标，按升序排列
print(distances)# k个最近点的最短距离，按升序排列
```

```
[[0 1]
 [1 0]
 [2 1]
 [3 4]
 [4 3]
 [5 4]]
[[0.         1.        ]
 [0.         1.        ]
 [0.         1.41421356]
 [0.         1.        ]
 [0.         1.        ]
 [0.         1.41421356]]
```

图 7-6　**KNN** 模型创建及训练

在图 7-6 的输出中,如 indices 的值包含样本点本身在内,也就是说在 $k=2$ 的情况下,样本[-1,-1]的两个最近邻的序号是样本集 X 中第 0 个和第 1 个样本,第 0 个样本与它的距离为 0,第 1 个样本与它的距离为 1。

2. 白酒数据集上的 KNN 模型

本任务所采用的白葡萄酒数据集,来源于 UCI。下面对该数据集实施 KNN 模型分析。

(1) 加载数据,查看数据

采用 pandas 从文件“winequality-white.csv”中读取数据,如图 7-7 所示。

```
import pandas as pd
#导入数据并查看
x_white = pd.read_csv('data/winequality-white.csv') # 打开数据文件

print(x_white.shape)     #查看数据维度
print(x_white.columns) #打印数据的特征名称
```

```
(4898, 12)
Index(['fixed acidity', 'volatile acidity', 'citric acid', 'residual sugar',
       'chlorides', 'free sulfur dioxide', 'total sulfur dioxide', 'density',
       'pH', 'sulphates', 'alcohol', 'quality'],
      dtype='object')
```

图 7-7 白葡萄酒数据集读取

显示数据集前 5 行记录,如图 7-8 所示。

```
x_white.head() # 查看数据前5行
```

	fixed acidity	volatile acidity	citric acid	residual sugar	chlorides	free sulfur dioxide	total sulfur dioxide	density	pH	sulphates	alcohol
0	7.0	0.27	0.36	20.7	0.045	45.0	170.0	1.0010	3.00	0.45	8.8
1	6.3	0.30	0.34	1.6	0.049	14.0	132.0	0.9940	3.30	0.49	9.5
2	8.1	0.28	0.40	6.9	0.050	30.0	97.0	0.9951	3.26	0.44	10.1
3	7.2	0.23	0.32	8.5	0.058	47.0	186.0	0.9956	3.19	0.40	9.9
4	7.2	0.23	0.32	8.5	0.058	47.0	186.0	0.9956	3.19	0.40	9.9

图 7-8 显示前 5 行数据

统计白葡萄酒数据集的质量字段数值,如图 7-9 所示。

(2) 可视化

利用柱状图观察白葡萄酒质量分数分布情况,如图 7-10 所示。

(3) 数据集处理

首先选择数据集的特征值和目标,如图 7-11 所示。

```
#对白葡萄酒数据集的质量字段进行统计
data_1 = x_white['quality'].value_counts()
data_2 = pd.DataFrame(data_1)
data_2 = data_2.reset_index(drop=False)
data_2.columns = ['score','number']
print(data_2)
```

```
   score  number
0      6    2198
1      5    1457
2      7     880
3      8     175
4      4     163
5      3      20
6      9       5
```

图 7-9　显示数据集各特征包含的数值数量

```
import matplotlib.pyplot as plt
plt.rcParams['font.sans-serif'] = ['SimHei']
plt.rcParams['axes.unicode_minus'] = False

import warnings
warnings.filterwarnings('ignore')

plt.bar(data_2['score'],data_2['number'],color='lightgreen') #柱状图
plt.title('白葡萄酒质量分布',fontsize=14)          #设置标题
for a,b in zip(data_2['score'],data_2['number']):
    plt.text(a,b,b,ha='center',va='bottom',fontsize=12,color='gray')
plt.xlabel('分数',fontsize=14,color='orange')       # 横坐标设置
plt.ylabel('计数',fontsize=14,color='orange')       # 纵坐标设置
plt.xticks(ticks=range(11))
plt.show()
```

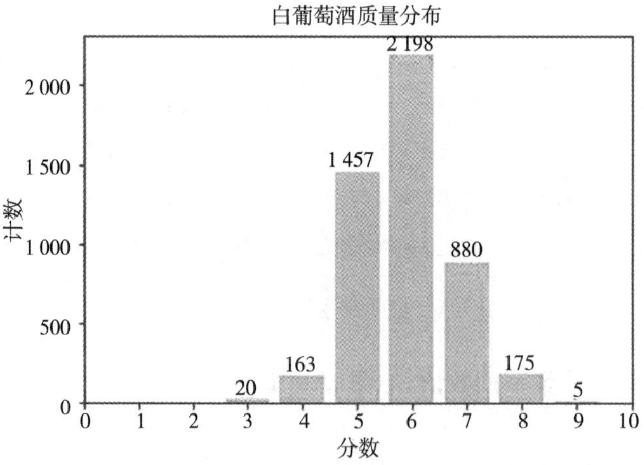

图 7-10　白葡萄酒质量分数分布

```
#字段quality (score between 0 and 10)为葡萄酒质量
#取特征值
xx_white = x_white[['alcohol', 'sulphates', 'pH',
        'density', 'total sulfur dioxide', 'free sulfur dioxide', 'chlorides',
        'residual sugar', 'citric acid', 'volatile acidity', 'fixed acidity']]
y_white = x_white[['quality']]

```

图 7-11　选择特征和目标

然后对数据集的数据部分进行了标准化处理，对目标进行了二值处理，如图 7-12 所示。

```
# 二值处理
y_white['quality']=[1 if x in [6,7,8,9,10] else 0 for x in y_white['quality']]
```

```
#对提取的数据集进行标准化
from sklearn.preprocessing import StandardScaler
std_x = StandardScaler() # 标准化处理
xx_white_std = std_x.fit_transform(xx_white) #标准化处理应用
```

图 7-12　数据预处理

(4) 数据集划分，默认测试集占 20%，如图 7-13 所示。

```
#对提取的数据集进行划分
from sklearn.model_selection import train_test_split

X_train,X_test,y_train,y_test=train_test_split(xx_white_std,y_white,random_state=0)
print("X_train shape:{}".format(X_train.shape))  # 训练集维度
print("X_test shape:{}".format(X_test.shape))     # 测试集集维度
print("y_train shape:{}".format(y_train.shape))
print("y_test shape:{}".format(y_test.shape))

```

```
X_train shape:(3673, 11)
X_test shape:(1225, 11)
y_train shape:(3673, 1)
y_test shape:(1225, 1)
```

图 7-13　数据集划分

(5) 构建及训练 KNN 模型

首先，通过交叉验证寻找 K 近邻算法的最优 k 值。因为要同时观察训练集的子训练集和测试集效果随着 k 的变化而变化的情况，所以这里直接用 sklearn.model_selection 中的 vlidation_curve 来完成，代码及运行结果如图 7-14 所示，其中 vlidation_curve 的函数原型为：

```
import numpy as np
from sklearn.neighbors import KNeighborsClassifier     # KNN分类
from sklearn.model_selection import validation_curve   # 验证曲线
import warnings
warnings.filterwarnings("ignore")

ks = range(1,51)    # 设置k值得查抄范围

#进行查找
train_scores, test_scores = validation_curve(
    KNeighborsClassifier(), X_train, y_train, cv=5,
    param_name='n_neighbors', param_range=ks,
    scoring='accuracy')

#记录每次k值得训练得分和测试得分
train_scores_mean = np.mean(train_scores, axis=1)
test_scores_mean = np.mean(test_scores, axis=1)

#绘制k值变化曲线
plt.plot(ks,train_scores_mean, color='red', label='train')
plt.plot(ks, test_scores_mean, marker='--',color='green', label='test')
plt.legend(["train正确率", "test正确率"])
plt.xlabel('param range of k')
plt.ylabel('scores mean')
plt.show()

# 得到最佳k值
best_k = ks[np.array(test_scores_mean).argmax()]
print('最优的k值:',best_k)
```

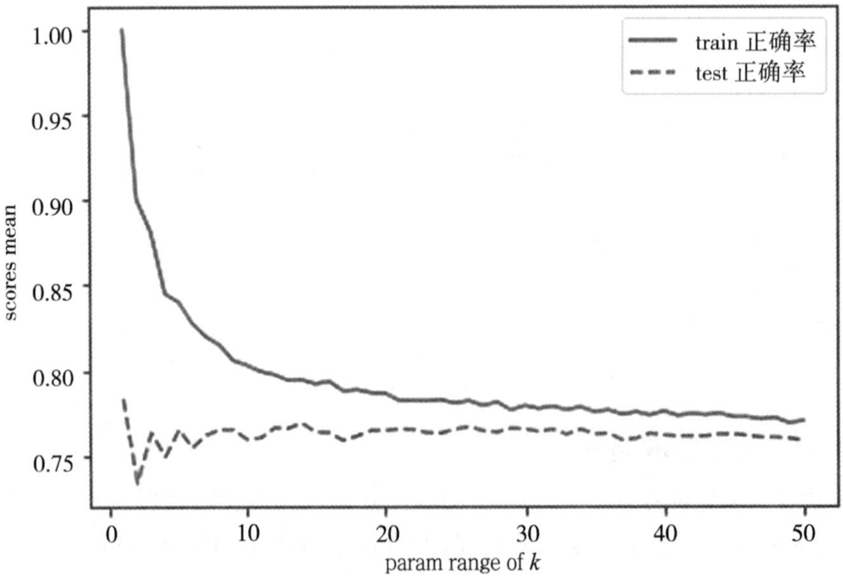

图 7-14　*k* 值验证曲线

```
sklearn.model_selection.validation_curve(estimator, X, y, *, param_name, param_range, groups=None, cv=None, scoring=None, n_jobs=None, pre_dispatch='all', verbose=0, error_score=nan, fit_params=None)
```

【参数说明】

① estimator:模型;

② X:训练集;

③ y: 目标;

④ cv:交叉验证折数;

⑤ param_name:验证的参数名称;

⑥ param_range:遍历范围;

⑦ scoring:评分标准。

然后,通过得到的最佳 k 值,进行模型的构建及训练,如图 7-15 所示。

```
clf = KNeighborsClassifier(n_neighbors=best_k) #创建模型

clf.fit(X_train,y_train) # 训练
```

```
KNeighborsClassifier(algorithm='auto', leaf_size=30, metric='minkowski',
                     metric_params=None, n_jobs=None, n_neighbors=1, p=2,
                     weights='uniform')
```

图 7-15　构建及训练 KNN 模型

(6) 测试及评估

模型的测试在拆分得到的测试集上实现,其中一个测试样例展示如图 7-16 所示,该样例的真实值为 0,通过模型的 predict 预测,得到其预测值为 0,表示该预测样本的预测级别小于 6,属于低质量。

```
print('一个测试样本:',X_test[0])
print('该测试样本真实值:',y_test['quality'].iloc[0])

y_pre = clf.predict([X_test[0]])
print('预测结果:',y_pre)

```

```
一个测试样本: [ 0.15094166 -0.61207884  0.34263866 -0.53078835  0.57983483 -
1.60584774
  0.1935226  -0.98420103  0.13064066  0.41433932  0.527639  ]
该测试样本真实值: 0
预测结果: [0]
```

图 7-16　一个测试样例

将构建好的模型应用于测试集，并通过 score 方法得到在测试集上的测试正确率，如图 7-17 所示。测试集正确率为 79.69%。

```
y_white_pre = clf.predict(X_test)   #测试

print('测试集正确率:{}%'.format(round(clf.score(X_test,y_test)*100,2)))
```

图 7-17　测试及评估

从这个结果看，测试集上的正确率不是很高，对 KNN 算法来说，除 k 值之外，还有近邻距离计算方式、结果的决策策略两个影响因素，大家不妨在 KNN 实例化时尝试使用其他距离或者加权决策方式。另外，还可以考虑在训练模型前进行特征工程工作，以降低 KNN 算法的复杂度。

（二）撰写 KNN 分类分析报告

以 3 人为小组单位的方式在该数据集上尝试其他 KNN 参数设置的代码实现（如距离“metric”、决策策略“weights”），撰写报告。报告应该包含 KNN 近邻分类应用场景调研，KNN 分类器的构建过程，实现的代码，结果的分析等内容。

（三）分享案例

在完成应用报告后，小组合作完成演讲 PPT，以小组汇报的形式讲解本小组的解决方案。

任务评价

（一）自我评价

级别 任务	掌握知识或技能	仍需加强的	完全不理解的
KNN 分类技术体验			

（续表）

级别 任务	掌握知识或技能	仍需加强的	完全不理解的
开展 KNN 分类应用调研，实现 KNN 分类分析，撰写应用报告			
分享应用案例			
在本次的任务实施过程中，你的自评结果是	A. 优秀□　B. 良好□　C. 仍需努力□　D. 搞不清楚□		

（二）标准评价

一、选择题（每题 5 分，共 15 分）

1. 在 sklearn 的 KNN 分类建模方法中，K 近邻模型位于哪个包中？（　　）

　A. neighbors　　B. tree　　C. ensemble　　D. svm

2. 有监督学习中，“近朱者赤近墨者黑”是用来形容下列哪个模型？（　　）

　A. SVM　　B. KNN　　C. 决策树　　D. 朴素贝叶斯

3. 关于 k-NN 算法，以下哪个选项是不正确的？（　　）

　A. 可用于分类　　B. 可用于回归

　C. 可用于分类和回归　　D. 可用于聚类

二、判断题（每题 5 分，共 20 分）

1. KNN 是一种惰性学习。（　　）

2. KNN 算法在测试时间而不是训练时间上进行了更多的计算。（　　）

3. 惰性学习不做任何模型训练,训练时间开销为零。(　　)

4. KNN 的 k 值越大越好。(　　)

三、填空题(每空 5 分,共 5 分)

1. KNeighborsClassifier 中的参数 n_neighbors 是__________。

四、简答题(60 分)

1. 请简述 KNN 最近邻分类算法的过程。

2. 请简述 KNN 分类过程受到哪些因素的影响。

任务拓展

任务描述:

KNN 算法就是在训练集中数据和标签已知的情况下,输入测试数据,将测试数据的特征与训练集中对应的特征进行相互比较,找到训练集中与之最为相似的前 k 个数据,则该测试数据对应的类别就是 k 个数据中出现次数最多的那个分类。尝试利用 KNN 完成的鸢尾花数据的分类工作,并利用交叉验证的方法选择合适的 k 值。

任务要求:

以 3 人为小组单位的方式开展任务的调研,撰写报告。报告应该包含 KNN 的实现代码内容,报告作为作业提交。

任务八 K均值聚类

建议学时：4～6学时。

任务描述

通过本任务的学习，理解聚类分析的适用场景，理解和掌握K均值聚类分析的基本思想和工作原理，以及K均值的建模方法；能够应用K均值聚类完成相应分析。

任务目的

（一）认识聚类分析的基本概念，了解聚类分析的应用场景；
（二）理解并掌握K均值聚类模型；
（三）掌握K均值的建模过程。

任务要求

（一）以小组的形式完成任务；
（二）完成K均值聚类建模代码实现；
（三）完成K均值聚类实践报告。

基础知识

1. 聚类分析应用背景

聚类与分类的不同在于，聚类所要求划分的类是未知的。聚类是将数据分类到不同的类或者簇这样的一个过程，同一个簇中的对象有很大的相似性，而不同簇间的对象有很大的相异性。

聚类分析计算方法主要有：划分法、层次法、密度算法、图论聚类法、网格算法和模型算法。

2. K 均值聚类算法

K 均值(K-Means)算法是基于划分的聚类方法之一，它把对象分成多个互斥的簇。算法思想是首先随机确定 k 个中心点作为聚类中心，然后把每个数据点分配给最邻近的中心点，分配完成后形成 k 个聚类，计算各个聚类的平均中心点，将其作为该聚类新的类中心点，最后重复迭代上述步骤直到分配过程不再产生变化。该过程如图 8-1 所示。

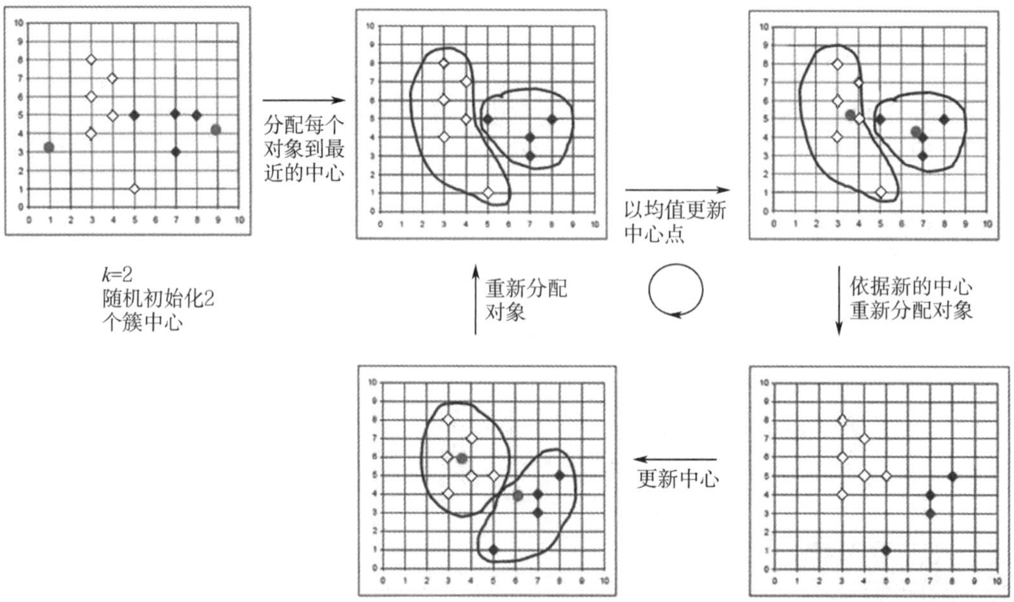

图 8-1　$k=2$ 的 K 均值聚类过程

3. sklearn 中的 K 均值聚类

在 sklearn 中，包括两个 K-Means 的算法，一个是传统的 K-Means 算法，对应的类是 KMeans；另一个是基于采样的 Mini Batch K-Means 算法，对应的类是 MiniBatchKMeans。

用 KMeans 类的话，一般要注意 k 值的选择，即参数 n_clusters；如果用 MiniBatchKMeans 类的话，除了需要注意 k 值外，还需要注意调参的参数 batch_size，即

Mini Batch的大小。

当然 KMeans 类和 MiniBatchKMeans 类可以选择的参数还有不少，但是大多不需要注意调参。

KMeans 的函数原型为：

```
sklearn.cluster.KMeans(n_clusters=8, *, init='k-means++', n_init=10,
          max_iter=300, tol=1e-4, precompute_distances='deprecated',
          verbose=0, random_state=None, copy_x=True,
          n_jobs='deprecated', algorithm='auto')
```

【参数说明】

(1) n_clusters：即 k 值，一般需要多试一些值以获得较好的聚类效果。

(2) max_iter：最大的迭代次数，一般如果是凸数据集的话可以不管这个值，如果数据集不是凸的，可能很难收敛，此时可以指定最大的迭代次数，让算法及时退出循环。

(3) n_init：用不同的初始化质心运行算法的次数。由于 K-Means 是结果受初始值影响的局部最优的迭代算法，因此需要多跑几次以选择一个较好的聚类效果，默认值为 10，一般不需要改。如果 k 值较大，则可以适当增大这个值。

(4) init：即初始值选择的方式，可以为完全随机选择 'random'，优化过的'k-means++' 或者自己指定初始化的 k 个质心。一般建议使用默认的 'k-means++'。

(5) algorithm：有 auto、full 和 elkan 3 种选择。full 就是传统的 K-Means 算法，elkan 是 elkan K-Means 算法。默认的 auto 则会根据数据值是否是稀疏决定如何选择 full 和 elkan。一般地，若数据是稠密的，那么就选择 elkan，否则选择 full。一般来说建议直接用默认的 auto。

任务实施

（一）K 均值分类分析实施

在 jupyter 中创建 Python3 文件，命名为“8.K 均值聚类.ipynb”，如图 8-2 所示。

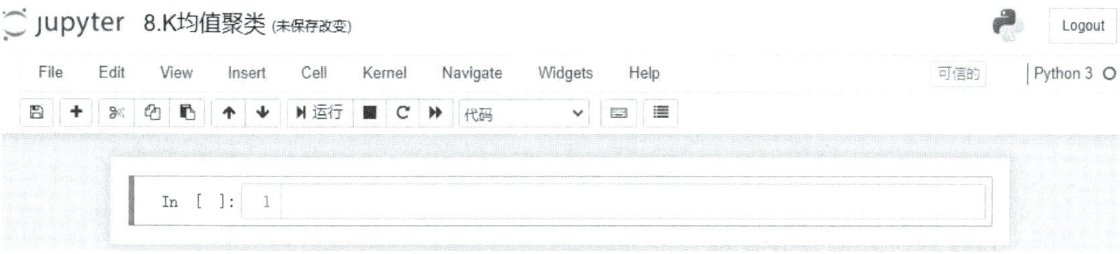

图 8-2　创建文件

1. 一个简单案例

本案例中的数据采用的是利用 make_blobs 自定义生成数据，数据集为 2 维、300 个样本，共 4 个类别，每个类别内样本的方差为 0.6。

(1) 生成数据，查看数据

调用 sklearn.datasets.samples_generator 的 make_blobs 生成 300 个样本，4 类，如图 8-3所示。

```
import warnings
warnings.filterwarnings('ignore')   # 忽略警告信息

#导入数据生成器
from sklearn.datasets.samples_generator import make_blobs

#生成4类，含有300个样本，每类样本的方差为0.6
X, y = make_blobs(n_samples=300, centers=4,
                  random_state=0, cluster_std=0.60)
```

图 8-3　生成数据

(2) 可视化

以散点图的形式，可视化生成的数据，如图 8-4 所示。

```
import matplotlib.pyplot as plt
plt.figure(figsize=(12, 5))              # 自定义图像
plt.subplot(1,2,1)                       # 1行2列的第1张图
plt.scatter(X[:, 0], X[:, 1], s=50)  #绘制散点图
plt.show()                               #显示
```

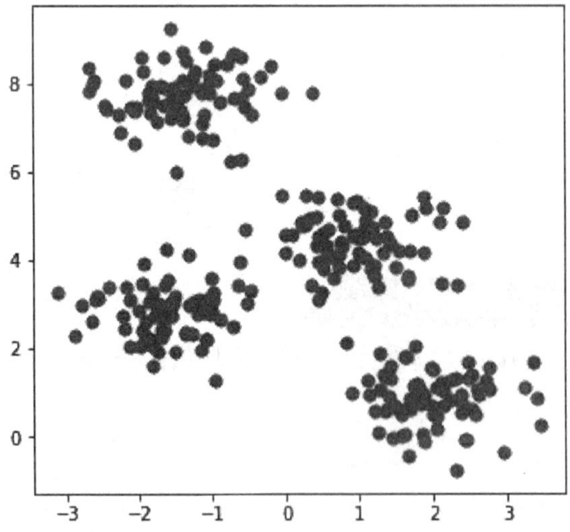

图 8-4　可视化生成的数据

(3) 构建及训练 K 均值模型

使用 sklearn.cluster 模块中的 KMeans 创建 K 均值模型 est，拟合数据，设置 k 值为 4，

使用 fit 方法对数据集进行训练，如图 8-5 所示。

```
from sklearn.cluster import KMeans #导入k均值

est = KMeans(4)   # 以k=4 创建k均值模型
est.fit(X)        # 拟合数据

y_kmeans = est.predict(X) # 预测
print(y_kmeans)
```

```
[0 2 3 2 0 0 1 3 2 2 1 2 3 2 0 3 3 0 1 1 0 0 3 1 1 3 0 3 1 3 2 2 3 2 2 2 2
 2 1 0 3 1 3 3 1 1 2 1 2 0 1 0 2 0 0 1 2 1 2 0 2 3 2 1 1 1 2 0 2 1 3 1 2 1
 1 2 1 3 0 2 0 3 0 0 2 3 0 3 2 2 3 0 2 1 1 3 0 0 3 1 2 0 2 0 3 0 0 3 2 3 1
 1 0 2 0 3 2 0 0 3 1 0 1 0 0 0 0 1 0 1 2 1 1 0 2 1 1 2 3 2 2 1 3 1 3 1 2 3
 2 2 2 3 2 3 0 1 2 1 0 3 2 3 3 0 3 1 1 3 0 3 3 2 0 3 1 2 0 0 3 1 0 3 1 1 3
 3 3 3 0 2 3 1 3 3 1 1 1 3 1 2 3 1 0 1 3 2 1 2 3 2 3 1 3 3 2 1 1 0 0 3 2 0
 0 1 0 1 3 2 2 3 3 2 3 0 1 3 0 1 2 1 0 3 0 2 2 2 2 1 1 2 3 1 0 3 1 1 1 0 0
 2 3 3 1 0 2 1 3 2 3 0 0 1 1 3 0 0 0 3 2 2 0 0 3 0 0 0 2 1 2 3 0 0 2 2 2 0
 0 3 2 1]
```

图 8-5　K 均值模型

KMeans.cluster_centers_返回中心的坐标，打印聚类中心，如图 8-6 所示，可视化聚类结果，如图 8-7 所示。

```
print(est.cluster_centers_) #打印聚类中心
```

```
[[-1.37324398  7.75368871]
 [-1.58438467  2.83081263]
 [ 1.98258281  0.86771314]
 [ 0.94973532  4.41906906]]
```

图 8-6　聚类中心值

```
plt.subplot(1,2,2)
m = {0:'o',1:'^',2:'*',3:'+'}
cm = list(map(lambda i:m[i],y_kmeans))#将相应的标签改为对应的marker
for i in range(300):
    plt.scatter(X[i, 0], X[i, 1], marker=cm[i])
plt.show()
```

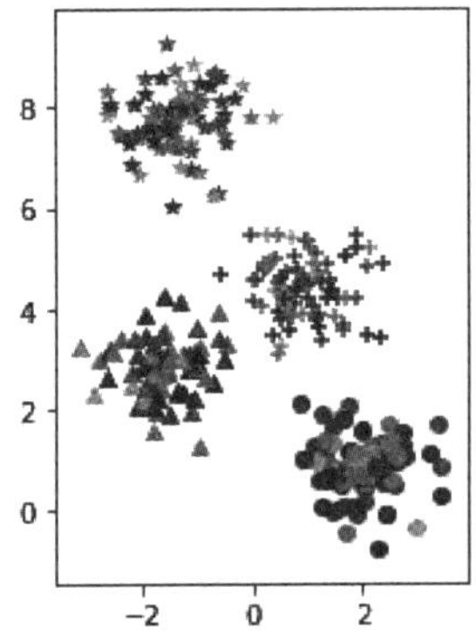

图 8-7　可视化聚类结果

2. 读取文件完成 K 均值聚类

(1) 数据准备

定义文件读取函数时,采用 Python 文件内置函数 open 完成本地文件的读取,按照文件内数据的保存方式,对文件内容进行提取,返回类型为 numpy.matrix,如图 8-8 所示。

```
from numpy import *

# 读取数据
def loadDateSet(fileName):
    dataMat = []
    fr = open(fileName)             # 打开文件
    for line in fr.readlines():  # 遍历文件的每一行(每行表示一个数据)
        curLine = line.strip().split('\t')  # 处理每行数据,返回字符串list
        fltLine = list(map(float, curLine))  # 使用float函数处理list中的字符串,
                                             # 使其为float类型
        dataMat.append(fltLine)  # 将该数据加入到数组中
    return dataMat
```

图 8-8　定义从本地文件读取数据

(2) 从文件读取数据

利用 pandas 的 DataFrame 类型的 head()方法查看数据的前 5 行,如图 8-9 所示。

```
#测试文件读取
datMat = mat(loadDateSet('data/testSet.txt'))
import pandas
pandas.DataFrame(datMat).head()
```

	0	1
0	1.658985	4.285136
1	-3.453687	3.424321
2	4.838138	-1.151539
3	-5.379713	-3.362104
4	0.972564	2.924086

图 8-9　查看数据

(3) 可视化

利用散点图可视化数据的分布状态,如图 8-10 所示。

(4) k 值的探查

对于未知分布形态的数据,进行 K 均值聚类,在使用 sklearn 中的模块进行聚类训练时,需要指定 k 值参数,然而在实际情况下,有时无法通过散点图等可视化方式直观地看出适当的 k 值,因此这里利用肘形图的方式,获取最佳的 k 值。肘形图的拐点位置,通常是最佳的 k 值,代码如图 8-11 所示,肘形图的绘制结果如图 8-12 所示,从图中可以看出最佳 k 值为 4。

```
# 画图
marker = ['s', 'o', '^', '<'] # 散点图点的形状
color = ['b','m','c','g'] # 颜色
X = np.array(datMat) # 数据点
plt.scatter(X[:,0],X[:,1],marker='*',c = 'b') # 散点图
plt.show()
```

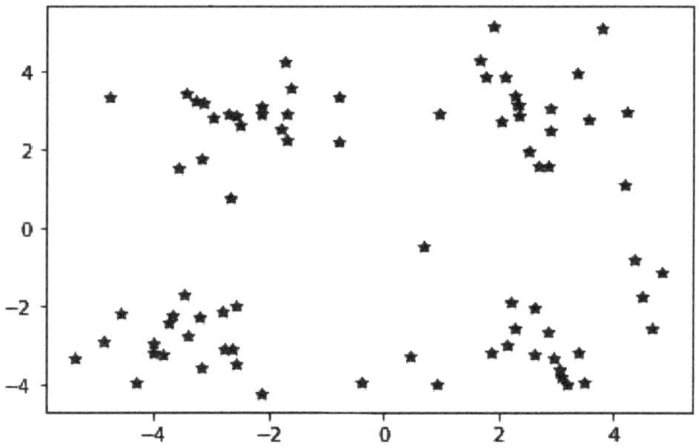

图 8-10　原始数据分布状态

```
from sklearn.cluster import KMeans

# 遍历k=1到k=9，在数据集上进行聚类
kmeans_per_k = [KMeans(n_clusters=k, random_state=42).fit(datMat)
                for k in range(1, 10)]
inertias = [model.inertia_ for model in kmeans_per_k]

# 绘制肘形图，设置横纵轴标签尺寸、图像尺寸、字号尺寸
import matplotlib as mpl
import matplotlib.pyplot as plt
mpl.rc('axes', labelsize=14)
mpl.rc('xtick', labelsize=12)
mpl.rc('ytick', labelsize=12)
plt.figure(figsize=(8, 3.5))
plt.plot(range(1, 10), inertias, "bo-")
plt.xlabel("$k$", fontsize=14)
plt.ylabel("Inertia", fontsize=14)
plt.annotate('Elbow',
             xy=(4, inertias[3]),
             xytext=(0.55, 0.55),
             textcoords='figure fraction',
             fontsize=16,
             arrowprops=dict(facecolor='black', shrink=0.1)
            )
plt.axis([1, 8.5, 0, 1300])
plt.tight_layout()
plt.show()
```

图 8-11　绘制肘形图代码

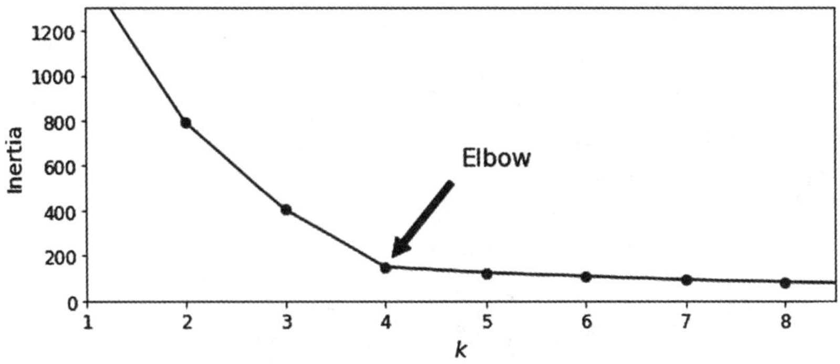

图 8-12　肘形图

(4) 构建 K 均值聚类

使用 sklearn.cluster 模块中的 KMeans 创建 K 均值模型，拟合数据，依据肘形图观察到的结果设置 k 值为 4，使用 fit 方法对数据集进行训练，如图 8-13 所示。最后对 K 均值聚类的结果进行可视化，如图 8-14 所示。

```
from sklearn.cluster import KMeans #导入k均值

est = KMeans(4)  # 以k=4 创建k均值模型
est.fit(datMat)  # 拟合数据

y_kmeans = est.predict(datMat) # 预测
print(y_kmeans)
```

```
[1 3 2 0 1 3 2 0 1 3 2 0 1 3 2 0 1 3 2 0 1 3 2 0 1 3 2 0 1 3 2 0 1 3 2 0 1
 3 2 0 1 3 2 0 1 3 2 0 1 3 2 0 1 3 2 0 1 3 2 0 1 3 2 0 1 3 2 0 1 3 2 0 1 3
 2 0 1 3 2 0]
```

图 8-13　K 均值训练（$k=4$）

```
# 画图
plt.subplot(1,2,2)
m = {0:'o',1:'^',2:'*',3:'+'}
cm = list(map(lambda i:m[i],y_kmeans))#将相应的标签改为对应的marker
for i in range(datMat.shape[0]):
    plt.scatter(datMat[i, 0], datMat[i, 1], marker=cm[i])
plt.show()
```

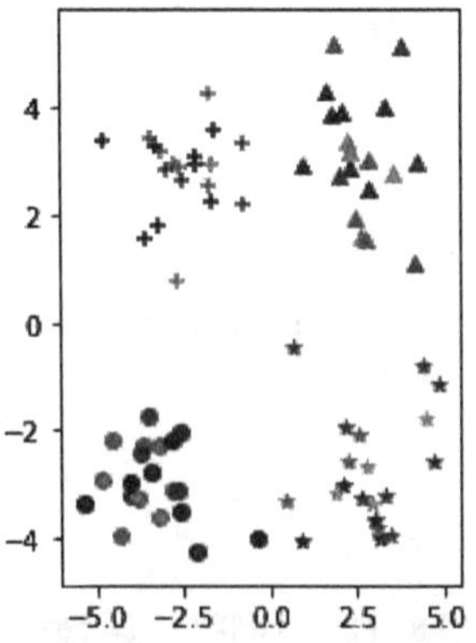

图 8-14　可视化 K 均值聚类结果（$k=4$）

（二）撰写 K 均值分类分析报告

以 3 人为小组单位的方式在尝试生成其他不同类型数据集上实现 K 均值聚类，撰写报告。报告应该包含数据集的描述、K 均值模型的构建和可视化、结果的分析等内容。

（三）分享案例

在完成应用报告后，小组合作完成演讲 PPT，以小组汇报的形式讲解本小组的解决方案。

任务评价

（一）自我评价

级别 任务	掌握知识或技能	仍需加强的	完全不理解的
KNN 分类技术体验			
开展 KNN 分类应用调研，实现 KNN 分类分析，撰写应用报告			
分享应用案例			
在本次的任务实施过程中，你的自评结果是	A. 优秀□　B. 良好□　C. 仍需努力□　D. 搞不清楚□		

(二)标准评价

一、选择题(每题 5 分,共 20 分)

1. 在 sklearn 的 KMeans 分类建模方法中,聚类分析模型位于哪个包中?(　　)

   A. neighbors　　B. tree　　C. ensemble　　D. cluster

2. 下列哪个描述是正确的?(　　)

   A. 分类和聚类都是有监督的学习
   B. 分类和聚类都是无监督的学习
   C. 分类是有监督的学习,聚类是无监督的学习
   D. 分类是无监督的学习,聚类是有监督的学习

3. 以下对 K-Means 聚类算法解释正确的是?(　　)

   A. 能自动识别类的个数,随机挑选初始点为中心点计算
   B. 能自动识别类的个数,不是随机挑选初始点为中心点计算
   C. 不能自动识别类的个数,随机挑选初始点为中心点计算
   D. 不能自动识别类的个数,不是随机挑选初始点为中心点计算

4. 根据下图,簇的数量的最佳选择是?(　　)

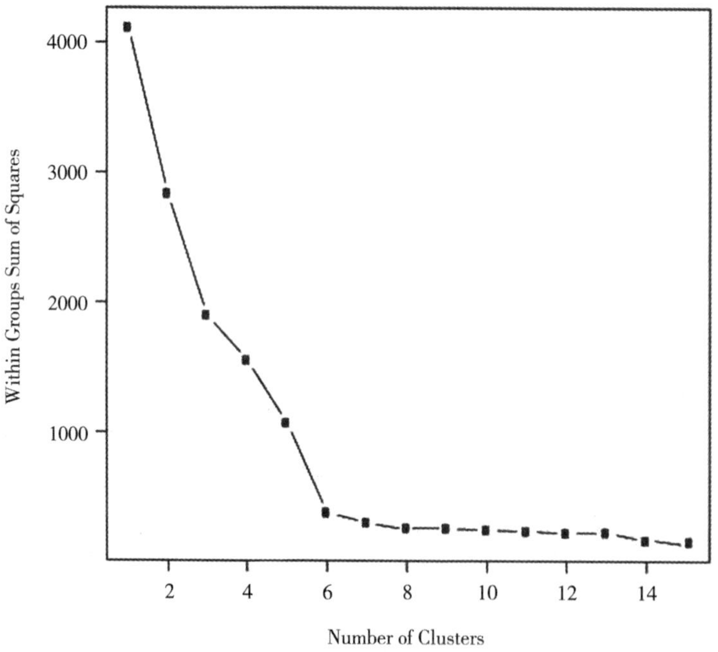

   A. 2M　　B. 4　　C. 6　　D. 8

二、判断题(每题 5 分,共 20 分)

1. 聚类(Clustering)是这样的过程:它找出描述并区分数据类或概念的模型(或函数),以便能够使用模型预测类标记未知的对象类。(　　)

2. 聚类分析可以看作是一种非监督的分类。(　　)

3. K 均值是一种产生划分聚类的基于密度的聚类算法，簇的个数由算法自动地确定。(　　)

4. 运行过两次的 K 均值聚类，可以得到相同的聚类结果。(　　)

三、填空题(每空 5 分，共 5 分)

1. KMeans 中的参数 n_clusters 是____________。

四、简答题(55 分)

请简述 K-Means 算法的过程。

任务拓展

任务描述：

尝试在鸢尾花数据集上实现 K 均值聚类。

任务要求：

以 3 人为小组单位的方式开展任务的调研，撰写报告。报告应该包含鸢尾花数据集的描述、K 均值模型的实现代码内容，报告作为作业提交。

参考文献

[1] 周志华. 机器学习[M]. 北京:清华大学出版社，2016.

[2] 陈封能，迈克尔·斯坦巴赫，阿努吉·卡帕坦. 数据挖掘导论[M]. 北京:机械工业出版社，2019.

[3] 安德里亚斯·穆勒，莎拉·吉多. Python 机器学习基础教程[M]. 北京:人民邮电出版社，2018.

[4] 黄佳. 零基础学机器学习[M]. 北京:人民邮电出版社，2020.

[5] 李航. 统计学习方法[M]. 北京:清华大学出版社，2012.

[6] 王济川，郭志刚. Logistic 回归模型:方法与应用[M]. 北京:高等教育出版社，2001.

[7] Bishop C M. Pattern Recognition and Machine Learning (Information Science and Statistics)[M]. New York: Springer-Verlag New York, Inc., 2006.

[8] Press S J. Applied multivariate analysis: using Bayesian and frequentist methods of inference[M]. London: Dover Publications, 2005.

[9] Jordi Vallverdu. Bayesians Versus Frequentists[M]. Berlin: Springer, 2016.

[10] Quinlan J R. C4.5: programs for machine learning[M]. San Francisco: Morgan Kaufmann Publishers Inc., 1992.

[11] Ruggieri S. Efficient C4.5 [classification algorithm] [J]. IEEE Transactions on Knowledge & Data Engineering, 2002, 14(2):438-444.

[12] 于玲，吴铁军. 集成学习:Boosting 算法综述[J]. 模式识别与人工智能，2004，17(1):8.

[13] 张学工. 关于统计学习理论与支持向量机[J]. 自动化学报，2000，26(1):11.

[14] 邓乃扬，田英杰. 数据挖掘中的新方法:支持向量机[M]. 北京:科学出版社，2004.

[15] Zhang M L, Zhou Z H. ML-KNN: A lazy learning approach to multi-label learning[J]. Pattern Recognition, 2007, 40(7):2038-2048.

[16] Luxburg U V. Clustering Stability: An Overview[J]. Foundations and Trends in Machine Learning, 2010, 2(3):2010.

[17] Jain A K, Murty M N, Flynn P J. Data Clustering: A Review[J]. ACM Computing Surveys, 1999.